图说

高效养中蜂

关键技术

王瑞生　任勤◎编

机械工业出版社
CHINA MACHINE PRESS

本书以图文结合的形式，详细介绍了我国中蜂的资源、生物学特性、饲养设备和工具、传统饲养方法、过箱技术、活框饲养的基本操作技术、不同时期的饲养管理技术及主要病敌害的防治技术等。

本书图文并茂，文字通俗易懂，内容科学实用、可操作性强，适合广大中蜂养殖者阅读使用。

图书在版编目（CIP）数据

图说高效养中蜂关键技术/王瑞生，任勤编．—北京：机械工业出版社，2017.9（2025.3 重印）

（图说高效养殖关键技术）

ISBN 978-7-111-57706-5

Ⅰ．①图…　Ⅱ．①王…②任…　Ⅲ．①中华蜜蜂–蜜蜂饲养–图解　Ⅳ．①S894.1-64

中国版本图书馆 CIP 数据核字（2017）第 195800 号

机械工业出版社（北京市百万庄大街22号　邮政编码100037）

策划编辑：郎　峰　周晓伟　责任编辑：郎　峰　周晓伟　陈　洁

责任校对：张　力　王明欣　责任印制：李　飞

北京联兴盛业印刷股份有限公司印刷

2025 年 3 月第 1 版第 5 次印刷

140mm×203mm · 5 印张 · 135 千字

标准书号：ISBN 978-7-111-57706-5

定价：49.80 元

电话服务

客服电话：010-88361066
　　　　　010-88379833
　　　　　010-68326294

封底无防伪标均为盗版

网络服务

机　工　官　网：www.cmpbook.com

机　工　官　博：weibo.com/cmp1952

金　书　网：www.golden-book.com

机工教育服务网：www.cmpedu.com

前　言

　　中华蜜蜂简称中蜂，是我国特有的优良蜂种。千百年来，中华蜜蜂以其独特的生物学特性和生存方式繁衍至今，具有能够有效利用零星蜜源、采集力强、饲料消耗少等特点，特别适合山区、半山区定地结合小转地饲养。近年来，随着我国生态环境质量向好，蜜源植物越来越丰富，山区的野生中蜂及其饲养者越来越多，养蜂者对中蜂养殖技术的需求也越来越强烈。但是，作者在多年的养蜂技术推广和长期的养蜂实践中发现，大多数养蜂者对全文字描述的技术过程在短时期内难以理解并应用到养蜂生产过程当中。为此，作者结合自己在养蜂技术推广过程中遇到的难题和初学养蜂者的技术需求编写了本书，目的在于将养蜂生产过程中遇到的可操作性强的技术过程以图文形式详细地展现给广大养蜂者，使其能够在短时期内熟练操作并将所学技术应用到养蜂生产过程中。

　　本书以图文结合的形式详细介绍了我国中蜂的资源、生物学特性、饲养设备和工具、传统饲养方法、过箱技术、活框饲养的基本操作技术、不同时期的饲养管理技术及主要病敌害的防治技术等。本书图文并茂，文字通俗易懂，内容科学实用、可操作性强，适合广大中蜂养殖者阅读使用。

　　本书第三章、第四章、第五章、第七章及第八章由王瑞生编写，第一章、第二章及第六章由任勤编写。本书中部分图片的拍摄得到了重庆珙桐林蜜蜂养殖专业合作社的唐洪的大力支持，在此表示感谢。

　　需要特别说明的是，本书所用药物及其使用剂量仅供读者参考，不可照搬。在生产实际中，所用药物学名、常用名与实际商品名称有差异，药物浓度也有所不同，建议读者在使用每一种药物之前，参阅厂家提供的产品说明以确认药物用量、用药方法、用药时间及禁忌等。购买兽药时，执业兽医有责任根据经验和对患病动物的了解决定用药量及选择最佳治疗方案。

由于作者水平有限，书中错误在所难免，恳请读者批评指正。

编　者

目 录

36　第三章　饲养中蜂的设备和工具

44　第四章　中蜂的传统饲养方法

56　第五章　中蜂的过箱技术

65　第六章　中蜂活框饲养的基本操作技术

115　第七章　中蜂不同时期的饲养管理技术

133　第八章　中蜂主要病敌害的防治

第一章

中蜂的概述

　　中华蜜蜂简称中蜂，是我国境内东方蜜蜂的总称，广泛分布于除新疆以外的全国各地，特别是南方的丘陵和山区。我国中蜂分为北方中蜂、华南中蜂、华中中蜂、云贵高原中蜂、长白山中蜂、海南中蜂、阿坝中蜂、滇南中蜂和西藏中蜂9个类型。

👉 一、北方中蜂 👉

　　北方中蜂是其分布区内的自然蜂种，是在黄河中下游流域、山区生态条件下，经长期自然选择而形成的中华蜜蜂的一种类型。其中心产区位于北纬32°～42°、东经110°～120°的黄河中下游流域，主要分布于山东、山西、河北、河南、陕西、宁夏、北京、天津等省、市、自治区的山区，四川省北部地区也有分布。

蜂王

雄蜂

北方中蜂蜂王的体色多为黑色，少数为棕红色。

北方中蜂雄蜂的体色为黑色。

1

北方中蜂工蜂的体色以黑色为主，体长11.0～12.0毫米。

工蜂

北方中蜂耐寒性强，分蜂性弱，较为温驯，防盗性强，可维持7框以上蜂量的群势，最大群势可达15框；蜂群的抗巢虫能力较弱，较易感染中蜂囊状幼虫病、欧洲幼虫腐臭病等，患病群群势下降快；蜂王在产卵盛期平均有效产卵量为700余粒，部分蜂王的有效产卵量可达800～900粒，最高可达1030粒。

北方中蜂主要生产蜂蜜、蜂蜡和少量花粉。产蜜量因产地蜜源条件和饲养管理水平而异。转地饲养，年均群产蜂蜜20～35千克，最高可达50千克；定地传统饲养，年均群产蜂蜜4～6千克。

二、华南中蜂

　　华南中蜂是其分布区内的自然蜂种，是在华南地区生态条件下，经长期自然选择而形成的中华蜜蜂的一种类型。其中心产区在华南，主要分布于广东、广西、福建、浙江、台湾等省、自治区的沿海山区，以及安徽南部、云南东部等山区。其产区位于云贵高原以东、大庾岭和武夷山脉之南，北回归线横贯中心分布区的大部分地区。

蜂王

雄蜂

华南中蜂蜂王的体色基本为黑灰色，腹节有灰黄色环带。

华南中蜂雄蜂的体色为黑色。

华南中蜂工蜂的体色为黄黑相间。

工蜂

华南中蜂维持群势能力较弱，分蜂性较强，通常 3~5 框即进行分蜂；温驯性中等，受外界刺激时反应较强烈，易螫人；盗性较强，食物缺乏时易发生互盗；防卫性能中等；易飞逃；嗅觉灵敏，能利用零星蜜源，消耗饲料少；抗中蜂囊状幼虫病和巢虫的能力高于其他类型的中华蜜蜂；育虫节律较陡，受气候、蜜源等外界条件影响较明显；繁殖高峰期平均日产卵量为 500~700 粒，最高日产卵量为 1200 粒。

华南中蜂的产品只有蜂蜜和少量蜂蜡。年均群产蜜量因饲养方式不同而差异很大。定地饲养，年均群产蜂蜜 10~18 千克；转地饲养，年均群产蜂蜜 15~30 千克。华南中蜂可生产少量蜂蜡（年均群产不足 0.5 千克），一般多自用以加工巢础。

👉 三、华中中蜂 👈

华中中蜂是其分布区内的自然蜂种，是在长江中下游流域丘陵、山区生态条件下，经长期自然选择形成的中华蜜蜂的一种类型。中心分布区为长江中下游流域，主要分布于湖南、湖北、江西、安徽等省及浙江西部、江苏南部，此外，贵州东部、广东北部、广西北部、重庆东部、四川东北部也有分布。产区位于北纬 24°~34°、东经 108°~119°，即秦岭以南、大庾岭以北、武夷山以西、大巴山以东的长江中下游流域的广大山区。

蜂王

雄蜂

华中中蜂蜂王的体色一般为黑灰色，少数为棕红色。

华中中蜂雄蜂的体色为黑色。

华中中蜂工蜂的体色多为黑色，腹节背板有明显的黄环。

工蜂

　　华中中蜂通常只生产蜂蜜，不生产蜂王浆，很少生产蜂花粉。传统饲养的蜂群，年均群产蜂蜜 5～20 千克；活框饲养的蜂群，年均群产蜂蜜 20～40 千克。

华中中蜂的群势可维持在6~8框，越冬期群势可维持3~4框；育虫节律陡，早春进入繁殖期较早；抗寒性能强，树洞、石洞里的野生蜂群，在﹣20℃的环境里仍能自然越冬，气温在0℃以上时，工蜂便可以飞出巢外在空中排泄；抗巢虫能力较差，易受巢虫为害；温驯，易于管理；盗性中等，防盗能力较差；抗干扰能力弱，遇到敌害侵袭或人为干扰时常弃巢而逃，另筑新巢；易感染中蜂囊状幼虫病。

四、云贵高原中蜂

　　云贵高原中蜂是其分布区内的自然蜂种，是在云贵高原的生态条件下，经长期自然选择而形成的中华蜜蜂的一种类型。其中心产区在云贵高原，主要分布于贵州西部、云南东部和四川西南部的高海拔区域。

蜂王

雄蜂

云贵高原中蜂蜂王的体色多为棕红色或黑褐色。

云贵高原中蜂雄蜂的体色多为黑色。

云贵高原中蜂工蜂的体色偏黑，第3、4腹节背板黑色带达 60% ~ 70%。个体大，体长可达 13.0 毫米。

工蜂

云贵高原中蜂个体大，抗寒能力强，适应性较广；分蜂性弱，可维持 7 框以上的群势；采集能力强；抗病力较弱，易感染中蜂囊状幼虫病和欧洲幼虫腐臭病；性情较凶暴，盗性较强；产卵力较强，蜂王一般在 2 月开产，日产卵量可达 1000 粒以上。

云贵高原中蜂以产蜜为主，不同地区的蜂群，因管理方式及蜜源条件不同，产量有较大差别。定地结合小转地饲养的蜂群，采油菜、乌桕、秋季山花，年均群产蜂蜜 30 千克左右，最高可达 60 千克；定地饲养群以采荞麦、野藿香为主，年均群产蜂蜜约 15 千克。

👉 五、长白山中蜂 👈

长白山中蜂俗称野山蜜蜂，曾称"东北中蜂"。其特点是工蜂前翅外横脉中段常有 1 个小突起，肘脉指数高于其他中蜂。长白山中蜂是其分布区内的自然蜂种，是在长白山生态条件下，经过长期自然选择而形成的中华蜜蜂的一种类型。中心产区在吉林省长白山区的通化、白山、吉林、延边、长白山保护区及辽宁东部的部分山区。吉林省的长白山中蜂占总群数的 85%，辽宁占 15%。

蜂王

雄蜂

长白山中蜂的蜂王个体较大，腹部较长，尾部稍尖，腹节背板为黑色，有的蜂王腹节背板上有棕红色或深棕色环带。

长白山中蜂的雄蜂个体小，体色为黑色，毛为深褐色至黑色。

长白山中蜂的工蜂个体小，体色分2种，黑灰色和黄灰色，各腹节背板前缘均有明显或不明显的黄环，肘脉指数较高，工蜂的前翅外横脉中段有1个分叉突出（又称小突起），这是长白山中蜂的一大特征。

工蜂

长白山中蜂繁育快，一个蜂群每年可繁殖4~8个新分群；维持强群，生产期最大群势在12框以上，维持子脾5~8张，子脾密实度在90%以上；育虫节律陡，受气候、蜜源条件的影响较大，蜂王有效日产卵量可达960粒左右；抗寒，在 -40 ~ -20℃的低温环境里不包装或简单包装便能在室外安全越冬；采集力强；抗逆性强；性情温驯。

长白山中蜂主要生产蜂蜜。传统方式饲养的蜂群一年取蜜一次，年均群产蜜 10~20 千克；活框饲养，年均群产蜜 20~40 千克，可产蜂蜡 0.5~1 千克。越冬期达 4~6 个月，年需越冬饲料5~8 千克。

六、海南中蜂

海南中蜂是原产地海南岛的自然蜂种，是在海南岛生态条件下，经过长期自然选择而形成的中华蜜蜂的一种类型。海南中蜂又有椰林蜂和山地蜂之分，因分布于海南岛而得名。海南中蜂分布于海南岛，全岛多数地区都曾有大量分布，但随着热带高效农业的发展和西方蜜蜂的引入，海南中蜂的生存条件受到破坏，其分布范围已缩小。现分布在北部的海口、澄迈、定安、文昌，中部山区的琼中、五指山、白沙、屯昌、保亭、陵水，以及临高、儋州、琼海等市、县和垦区农场。其中，椰林蜂主要分布在海拔低于 200 米的沿海椰林区，集中于海南岛北部的文昌、琼海、万宁和陵水一带沿海。山地蜂主要分布在中部山区，集中在琼中、琼山、乐东和澄迈等地，以五指山脉为主聚集区。

海南中蜂蜂王的体色为黑色。

山地蜂蜂王   椰林蜂蜂王

海南中蜂雄蜂的体色为黑色。

山地蜂雄蜂   椰林蜂雄蜂

海南中蜂
工蜂的体色
为黄灰色，
各腹节背板
上有黑色
环带。

山地蜂工蜂　　　　　　　　椰林蜂工蜂

　　海南中蜂群势较小，山地蜂为 3～4 框，椰林蜂为 2～3 框；山地蜂较温驯，椰林蜂较凶暴；易感染中蜂囊状幼虫病；易受巢虫为害；易发生飞逃。山地蜂的采集力比椰林蜂强；椰林蜂的繁殖力强，产卵圈面积大，分蜂性强，喜欢采粉，采蜜性能差，储蜜少。

　　海南中蜂的主要产品为蜂蜜和少量花粉。活框饲养的山地蜂年均群产蜂蜜 25 千克，活框饲养的椰林蜂年均群产蜂蜜 15 千克。

👉 七、阿坝中蜂 👈

　　阿坝中蜂是其分布区内的自然蜂种，是在四川盆地向青藏高原隆升过渡地带生态条件下，经过长期自然选择而形成的中华蜜蜂的一种类型。阿坝中蜂分布在四川西北部的雅砻江流域和大渡河流域的阿坝、甘孜两州，包括大雪山、邛崃山等海拔在 2000 米以上的高原及山地。原产地为马尔康，中心分布区在马尔康、金川、小金、壤塘、理县、松潘、九寨沟、茂县、黑水、汶川等县，青海东部和甘肃东南部也有分布。

蜂王

雄蜂

阿坝中蜂蜂王的体色为黑色或棕红色。

阿坝中蜂雄蜂的体色为黑色。

阿坝中蜂工蜂的足及腹节腹板为黄色，小盾片为棕黄色或黑色，第 3 腹节和第 4 腹节背板的黄色区很窄，黑色带超过 2/3。

工蜂

　　阿坝中蜂是中华蜜蜂中个体较大的一种生态型，维持群势能力较强，最大群势为12框，维持子脾5~8张，子脾密实度50%~65%；耐寒，适宜高海拔的高山峡谷生态环境；繁殖快；抗巢虫能力强，很少发生巢虫为害；飞逃习性弱；分蜂性弱；采集力强；性情温驯。

　　阿坝中蜂的产品主要是蜂蜜，产量受当地气候、蜜源等自然条件的影响较大，年均群产蜂蜜10~25千克，蜂花粉1千克，蜂蜡0.25~0.5千克。

八、滇南中蜂

　　滇南中蜂是产区内的自然蜂种，是在横断山脉南麓生态条件下，经过长期自然选择而形成的中华蜜蜂的一种类型。滇南中蜂主要分布于云南南部的德宏傣族景颇族自治州、西双版纳傣族自治州、红河哈尼族彝族自治州、文山壮族苗族自治州和玉溪市等地。

蜂王

雄蜂

滇南中蜂蜂王的触角基部、额区、足、腹节腹板为棕色。

滇南中蜂雄蜂的体色为黑色。

滇南中蜂工蜂的体色黑黄相间，体长9～11毫米。

工蜂

　　滇南中蜂耐高温、高湿，对高热和高湿环境适应性强，外界气温在 37~42℃ 时仍能正常产卵。群势小，蜂王的产卵力较弱，盛产期日产卵量为 500 粒；分蜂性较弱，可维持 4~6 框的群势。前翅较短，采集半径小，采集半径约为 900 米。工蜂喙短，采集能力较差。

　　滇南中蜂主要生产蜂蜜，也生产蜂蜡。传统方式饲养，年均群产蜂蜜 5 千克；活框饲养，年均群产蜂蜜 10 千克。

九、西藏中蜂

　　西藏中蜂是其分布区内的自然蜂种，是在西藏东南部林芝地区和山南地区生态条件下，经过长期自然选择而形成的中华蜜蜂的一种类型。西藏中蜂主要分布在西藏东南部的雅鲁藏布江河谷，以及察隅河、西洛木河、苏班黑河、卡门河等河谷地带的海拔 2000~4000 米地区。其中，林芝地区的墨脱、察隅和山南地区的错那等县蜂群较多，是西藏中蜂的中心分布区。云南西北部的迪庆州、怒江州北部也有分布。

　　西藏中蜂的工蜂体长11～12毫米，体色为灰黄色或灰黑色，第3腹节背板常有黄色区，第4腹节背板为黑色，第4～6腹节背板后缘有黄色茸毛带。第5腹节背板狭长，第3腹节背板超过4毫米，但小于4.38毫米，腹部较细长。

　　西藏中蜂是一种适应高海拔地区的蜂种，耐寒性强，分蜂性强，迁徙性强，群势较小，采集力较差。

西藏中蜂的生产性能差，蜂蜜产量较低。传统方式饲养，年均群产蜂蜜 5~10 千克；现代活框饲养，年均群产蜂蜜 10~15 千克。

第二节 中蜂的发展优势

一、养蜂条件优越，蜜粉源植物丰富

我国幅员辽阔，南北跨越五个气候带，四季均有花开，丰富的蜜粉源植物为养蜂业的发展提供了优越的自然条件。

重庆市荣昌区的油菜

二、养蜂历史悠久，饲养技术成熟

我国养蜂历史悠久，人工驯养蜜蜂开始于西汉时期，人们对树洞、岩洞等发现的野生蜂群做上标记，平常略加照看，最后归照看者获取蜂蜜和蜂子。到东汉时期，人们为了更方便采收蜂产品，开始移养野生蜜蜂，砍下有野生蜂窝的树干，挂于屋前房后的檐下饲养，形成了中华蜜蜂传统养殖技术，并出现了我国有文献记载的养蜂第一人——姜岐。魏晋南北朝时期，中华蜜蜂人工饲养已由移养进步为诱捕家养的初级阶段，人们用天然蜂巢或木材仿制蜂窝放在自然界中诱捕野生蜂群，再搬回家中饲养。到了宋元时期，进入中华蜜蜂人工饲养的重要时期，当时中华蜜蜂养殖技术已日臻完善，并且具有非常高的管理水平，形成了蜂桶制作方法、根据蜜源情况

选择蜂场、蜂群的四季管理、蜂群的繁殖、弱群的合并、取蜜的方法和原则、病敌害的防治等整套养蜂技术。明清时期，人们除了总结中华蜜蜂饲养的经验，还研究了养蜂学原理，特别是在"分蜂、召收、留蜂、镇蜂、防护、割蜜、藏蜜、炼蜡"方面总结了一些技术原理。20 世纪初，随着西方蜜蜂和活框养蜂技术的传入，我国开始参考欧美国家的"西方蜜蜂饲养方法"饲养中华蜜蜂，推动了中华蜜蜂饲养新技术的试验与推广，中华蜜蜂的饲养和研究进入了新一轮高潮。

三、人们的保健需求不断增加

随着人民生活水平的提高及对蜂产品保健功效认识的不断加深，蜂产品的消费量正持续增长，对蜂产品质量安全要求也越来越高。而中蜂产品也以其纯天然、无污染、营养价值高满足了消费者的需求，被誉为蜜中极品。

四、蜜蜂授粉逐渐受到重视

蜜蜂授粉可以显著提高作物的产量及品质，蜜蜂授粉也逐渐受到重视。2010 年，农业部发布了《关于加快蜜蜂授粉技术推广促进养蜂业持续健康发展的意见》，第一次通过官方发文的形式推广蜜蜂授粉，为蜜蜂授粉市场的发展带来新的契机。同时，我国目前蜂农的授粉收入仅占其总收入的 2%，与国外蜂业发达国家普遍在 50% 以上相比差距较大，但也表现出巨大潜力。蜜蜂授粉必将成为我国蜂产业未来发展的重要方向。

五、蜂农老龄化严重，更适合从事中蜂饲养

我国蜂农平均年龄达 51 岁，40 岁以下的蜂农占 17%，30 岁以下的仅占 3%，养蜂业已面临严重的老龄化问题。而中蜂适宜定地饲养，不适宜长途大转运，因此，体力劳动强度不大，也不同西蜂饲养人员一样长年奔波在外追花夺蜜，年龄大的蜂农更适合从事中蜂养殖。

第二章

中蜂的生物学特性

蜂群的群体

　　蜜蜂是一种营社会性生活的昆虫。蜂群由一只蜂王、数千只至数万只工蜂和数千只雄蜂组成。

一、蜂　王

1. 蜂王的特性

　　蜂王是全群中唯一发育完全的雌性蜂，其身体长度和重量比工蜂长和重。一只开始产卵的中蜂蜂王，体长为 18 ~ 22 毫米，体重约为250 毫克。蜂王头部正面呈心脏形，腹部呈长圆锥形，上颚锋利，喙短，色泽鲜艳。蜂王的体色有两种：一种是整个腹部都为黑色；另一种是腹部为暗红色或棕色，并有明显的黄色环。产卵蜂王行动稳重，由多只工蜂围绕在它的身体周围，这些工蜂不断用触角拍打蜂王，并轮流用营养丰富的蜂王浆来喂它。蜂王的自然寿命可达5 ~ 6 年，但生产中常常每年换王来获得更好的生产性能。

2. 蜂王的职能

蜂王的职能主要是产卵和维持蜂群的稳定。在产卵盛期，中蜂蜂王日产卵量可达700～1300粒。

3. 蜂王的产生方式

（1）自然分蜂

自然分蜂是蜂群繁殖的唯一方式，在这种情况下产生的王台称为分蜂台。当外界蜜粉源丰富、气候温和、蜂群强盛、蜂巢内拥挤时，工蜂就开始建造王台，一般可达数十个，培育新蜂王，进行自然分蜂。

（2）自然交替

当蜂王老、弱、病、残时，工蜂便建造交替王台，一般建造 1～4 个，培育新王，但不会发生自然分蜂，待新王出房后，老王被淘汰。

（3）急迫改造

蜂群突然失王，或者蜂王死亡时，超过 1～2 天，工蜂会将小于 3 日龄的工蜂房改造为王台，这种情况下出现的王台称为改造台。

二、工　蜂

1. 工蜂的特性

工蜂是由受精卵发育而来的，但其生殖器官发育并不完全。工蜂的个体比蜂王和雄蜂都小，头部呈倒三角形，腹部尖。中蜂的工蜂初生重约为85毫克，成年工蜂体重约为80毫克，体长为10~13毫米。在采集季节，工蜂的平均寿命只有35天，而在越冬期可达3~6个月。

2. 工蜂的职能

工蜂从羽化出房到衰老死去，蜂群内外的一切劳动都由其承担。工蜂的主要工作有清理巢房、哺育幼虫、饲喂蜂王、建造巢脾、采集花蜜和花粉并酿造、守卫蜂巢及侦察等。这些工作通常都是相互重叠的，没有具体的日龄限制，只是在一定的日龄段内，处于不同时期的工蜂主要承担一定的任务，当蜂群需要时，工蜂可以自由调整从事其他的工作。

三、雄 蜂

1. 雄蜂的特性

雄蜂是由蜂王在雄蜂房内产的未受精卵发育而成的。雄蜂比工蜂大，头部近似圆形；体格粗壮，体表密被黑褐色茸毛，螫针退化，无蜡腺，不采集。中蜂的雄蜂体长为 11 ～ 14 毫米。

2. 雄蜂的职能

雄蜂的职能主要是和处女王在空中进行交配。雄蜂属于季节性蜂，一般出现于分蜂季节，在外界蜜粉源枯竭时，常被工蜂赶出蜂巢冻死或饿死。

在分蜂季节里，一群蜂中雄蜂的数量可达几百只，有时可达上千只。雄蜂性状的优良，对后代工蜂的性状和生产力具有直接的影响。

四、蜂 巢

蜂巢是蜜蜂居住和生活的场所，是工蜂用其腹部蜡腺分泌的蜂蜡加工而成的，由许多个六棱柱状的小巢房连成一片成为巢脾，再由数张或数十张巢脾结合而成。

巢脾上的巢房依尺寸大小又分为工蜂房、雄蜂房和王台，它们的功能各不相同。工蜂房主要是用来培育工蜂、储存蜂蜜和花粉的；雄蜂房主要是用来培育雄蜂和储存蜂蜜的；王台是用来培育处女王的。中蜂的工蜂房内径为4.4~4.5毫米，雄蜂房内径为5.0~6.5毫米。

一个标准朗氏蜂箱的巢脾，两面有中蜂的工蜂房7500～9000个，每张巢脾上布满蜜蜂时为2500～3000只。

蜂巢中各巢脾间有8～12毫米的蜂路供蜜蜂通行。

　　巢脾和巢房是蜜蜂产卵、育虫和存放饲料蜜粉的场所。产卵和育虫的巢脾称为子脾，位于巢箱中部；存放饲料的巢脾称为蜜脾、粉脾，位于巢箱的两侧。这两种巢脾并没有严格的界线，子脾上面也可储蜜，蜜脾中下部有时也可供产卵和育虫。整个蜂巢内，蜜蜂产卵区和储蜜区之间是储存花粉的区域。

第二节　中蜂的习性

　　中蜂在我国特有的生态条件下形成了特有的习性，在长期的自然选择过程中，不但对当地的生态条件产生了极强的适应性，而且还形成了特有的生物学特性。

一、善于利用零星蜜源

中蜂具有嗅觉灵敏、飞行敏捷和可采低浓度花蜜的特点，有利于发现和利用零星蜜源。

二、飞行迅速，善于躲避胡蜂

中蜂飞行灵活敏捷，善于避过胡蜂和其他敌害的追捕，适合山区饲养。

三、对白垩病和螨害的抗性强

西蜂蛹寄生的螨

由于中蜂工蜂本身具有清理寄生蜂螨行为，加之蜂螨在工蜂房内产的卵不能发育为若螨，所以中蜂不会发生螨害。

中蜂与西蜂对白垩病不论在主动防御还是被动防御方面都存在着极显著的差异，中蜂对白垩病具有稳定的抗性，因此白垩病对中蜂不会产生危害。

感染白垩病的西蜂幼虫呈石灰状

四、抗美洲幼虫腐臭病

美洲幼虫腐臭病是一种严重危害西方蜜蜂蜂群的病害。中蜂的幼虫不感染此病，因为，中蜂幼虫体内的血淋巴蛋白酶不同于西方蜜蜂，具有抗美洲幼虫腐臭病的基因。

五、不采胶

中蜂不具采集树胶的习性。因此，中蜂巢脾熔化产生的蜂蜡颜色洁白，生产的巢蜜色泽白而口感好。

六、造巢脾迅速

中蜂造巢脾既快又整齐，一般情况下，只要1~2天便可造出1张巢脾。

七、抗 寒

中蜂在气温9℃时就能安全采集，而西蜂要在14℃以上才能正常出外采集。

八、分蜂性强

中蜂好分蜂，因此，在山区有"养蜂不愁种，只要勤做桶"的说法。

九、扇风头朝外

中蜂扇风是头部朝向巢外，将风鼓进蜂箱。

十、护巢脾的能力差

中蜂的巢脾在受震动后，蜂群易离开巢脾往箱角集结，因此，中蜂更适宜定地饲养。

十一、易逃群

中蜂对自然环境极为敏感，一旦原巢的环境不适于生存时，蜂群就会迁徙，另寻合适的地点营巢。

十二、盗性强

中蜂嗅觉灵敏，容易察觉蜂箱散发出的蜜味，在蜜源缺乏的时候，特别易出现盗蜂。

十三、蜂群失蜂王后易出现工蜂产卵现象

当中蜂蜂群失去蜂王，群内又无可供改育成急造王台的工蜂小幼虫或卵时，失王蜂群中少数工蜂的卵巢2～3天后就会发育，出现工蜂产卵现象。

十四、中蜂好咬旧巢脾，喜新巢脾

中蜂喜爱新巢脾，一旦巢脾比较陈旧，就将其咬除，然后再在原位筑造新巢脾。同时，中蜂蜂王喜在新巢脾上产卵，常常巢脾上巢房筑造到1/2深度时蜂王就开始在其中产卵。

十五、认巢能力差，易错投

由于中蜂的认巢能力差，易错投，所以，排列蜂群时宜稀不宜密，同时应利用地形和地势，并且蜂群之间有适当的间隔。也可在蜂箱或蜂箱前壁涂上不同的颜色，或在蜂箱前壁设计不同的图案供蜜蜂辨认。

十六、清巢力弱，抗巢虫能力差

中蜂对巢虫的抵抗能力差，巢虫易上巢脾蛀食，为害封盖子，造成封盖蛹死亡。尤其是小群，更容易产生"白头蛹"现象。

十七、抗囊状幼虫病能力差

中蜂易感染囊状幼虫病，此病发生流行时，可使整场蜂毁灭。

第三章

饲养中蜂的设备和工具

第一节 蜂 箱

　　蜂箱是蜜蜂繁衍生息和生产蜂产品的基本用具。中蜂蜂箱分为活框蜂箱和老式蜂箱。活框蜂箱是指蜂路结构、巢框可以移动的蜂箱，由巢箱、继箱、巢框、箱盖、纱副盖、木副盖、隔板、闸板和巢门等部件构成，普遍使用的有朗氏标准蜂箱、从化式中蜂箱、高仄式中蜂箱、沅陵式中蜂箱、中一式中蜂箱、中笼式中蜂箱、中华蜜蜂十框标准蜂箱、FWF 式中蜂箱和 GN 式中蜂箱等。老式蜂箱的种类很多，形状各异，多以竹制或圆木挖空制成。

 一、各种活框蜂箱的技术参数

　　各种活框蜂箱的主要技术参数见表3-1。

表3-1　中蜂各种活框蜂箱的主要技术参数

蜂 箱 名 称	巢框内围尺寸/毫米		巢框单面有效面积/厘米²	巢箱内围尺寸/毫米			巢箱/厘米³
	长	高		长	宽	高	
朗氏标准蜂箱	428	203	868.8	464	369	241	41263
中华蜜蜂十框标准蜂箱	428	203	868.8	—	—	—	—
沅陵式	405	220	891.0	441	450	268	53184
从化式	355	206	731.3	—	—	—	—
中一式	385	220	847.0	—	—	—	—

（续）

蜂 箱 名 称	巢框内围尺寸/毫米		巢框单面有效面积/厘米²	巢箱内围尺寸/毫米			巢箱/厘米³
	长	高		长	宽	高	
中笼式	385	206	793.1	—	—	—	—
高仄式	245	300	735.0	—	—	—	—
FWF 式	300	175	525.0	400	336	210	28224
GN 式	290	133	385.2	370	330	158	16684

二、蜂箱的基本要求

　　保温除湿，既有良好的隔热性，又有很好的通风性；各个零部件的结构和尺寸应符合标准，操作管理时便于交换使用，其他养蜂机具（如分蜜机、巢础、饲喂器、产卵控制器等）与之配合时，也能运用自如。

三、蜂箱的基本结构

1. 箱盖

　　箱盖又称大盖或外盖，犹如蜂箱的房顶。它可保护蜂巢免遭烈日的暴晒和风雨的侵袭，并有助于箱内维持一定的温度和湿度。箱盖是用20毫米厚的木板制作的，一般外覆白铁皮、铝皮或油毡，以防雨水和保护箱盖。

2. 副盖

副盖又称内盖或子盖，是覆在箱身（继箱或巢箱）上口的内部盖板，犹如房顶内部的顶棚，可使箱体与箱盖之间更加严密，有助于蜂巢保温和保湿及防止盗蜂侵入。副盖用厚10毫米的木板制成，四周有宽20毫米、厚10毫米的边框。目前，纱副盖被蜂农普遍使用。

3. 巢箱与继箱

巢箱与继箱统称为箱身，其结构一样，放在箱底上的称为巢箱，放在巢箱上的称为继箱。继箱有标准继箱和浅继箱，但目前中蜂饲养主要运用浅继箱或不用继箱。巢箱主要用于繁殖；继箱主要用于生产等。

4. 巢门

巢门出入口的大小是可调节的。木条上开有两个大小不同的凹槽，槽内有活动的小板条。

5. 巢框

巢框是蜂箱构件中的核心部件，必须严格按图纸要求制作巢框，否则巢框在各蜂箱之间不能互换，将会给蜂群的饲养管理、养蜂机具的应用等方面带来极大的不便。

上梁的两端是框耳，将框耳搁在蜂箱的框槽上，可使巢框悬挂在蜂箱中，框的上下、前后、左右都有合适的蜂路。

6. 隔板与闸板

隔板的尺寸与巢框外形尺寸相同，板厚10毫米。使用时放在蜂箱中最外侧巢脾的旁边，以调节蜂巢的大小，有利于保温和避免蜜蜂筑造赘脾。

　　闸板的外形同隔板一样，板厚也是 10 毫米，它的长和高比隔板大些。隔板放在蜂箱中，不切断蜂路，与巢框一样大；但闸板放入蜂箱后，将切断前后和上下的蜂路，将巢箱隔成几个互不相通的区域，以便改成双王群等。

7. 隔王板

　　隔王板分为平面隔王板（上图）和框式隔王板（下图）。平面隔王板用于叠加型蜂箱，放在巢箱与继箱之间，四周木制的边框内装有隔王栅，中蜂栅的孔隙为 4.1 毫米，蜂王不能通过，工蜂可自由通行。隔王栅有竹制、铅丝制、金属片冲孔制。框式隔王板是在巢箱或横卧式蜂箱内使用的。隔王板的作用是限制蜂王产卵的区域。

第二节　养蜂管理用具

一、埋线器

埋线器是将连接巢框的铁线埋于巢础内所用的工具。

二、起刮刀

起刮刀是用于开启副盖及铲除箱内赘脾、污物和蜡渣等的一种工具，刀长6寸（1寸≈0.033米），一端是平刀，另一端是呈直角的弯刀。

三、面　网

　　面网套在草帽外，检查蜂群时用于保护头部不受蜂蜇。

四、割蜜刀

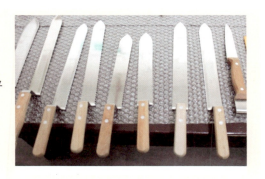

　　割蜜刀用于割去蜜脾上的蜜房盖。

五、蜂　刷

　　蜂刷是用马尾毛做成的，用于扫落巢脾上附着的蜜蜂。

六、摇蜜机

摇蜜机用于分离蜂蜜。机身是用食品级不锈钢或木板做成的圆桶，内设机架和框笼。取蜜时，将割去蜜房盖的蜜脾放入框笼内，转动摇蜜机的摇手，蜜脾即迅速旋转，蜜汁受离心作用被旋出，再从桶底口流入接蜜器中。

七、巢 础

巢础是人工用蜂蜡压制而成的，工蜂在此基础上分泌蜂蜡，把房基加高而成巢脾。

使用巢础造出来的巢脾平整、不易出现雄蜂房，并且筑造迅速、节省饲料。

中蜂对巢础选择的基本要求有下面几点：

1）巢础的房眼必须按工蜂房大小标准制成。中蜂巢础房眼的宽度为4.61毫米。

2）必须保证房眼的大小一致。

3）要用纯净的蜂蜡制成。

4）巢础的韧性要大，不能延伸变形。

第四章
中蜂的传统饲养方法

第一节　不同传统蜂箱饲养方法

　　中蜂在西方蜜蜂引进以前均以传统饲养方式饲养，并且人工驯养史在 2000 年以上。传统饲养蜂群具有可按照其自身的规律自由发展、技术简单、人工花费较少，以及即使是较小的群势也可顺利越冬等特点。但由于其毁巢取蜜、管理及病敌害防治等不便而逐步被活框饲养取代。

　　传统养蜂属定地养蜂，饲养方法多种多样，有墙洞式和蜂桶式饲养，但主要以卧式蜂桶、竖立式蜂桶和方格式蜂桶饲养。

一、卧式蜂桶饲养方法

1. 蜂桶的制作

　　把树干中央剖开，挖空后再合起来，两端用板和泥封住，在树的中央开孔作为巢门；或者用竹条、荆条等编成长筒形，外用泥糊上，形成一个密闭的桶；也有用木板制作成方的或圆的桶。

2. 饲养方法

（1）去老巢脾

春天见有蜜蜂开始外出飞行并带回花粉时，打开蜂桶两端的盖板，掰掉蜂巢边发黑发霉的老巢脾，掰到稍露蜂团为止，以减少工蜂啃咬老巢脾和清理蜡渣的时间，集中精力繁蜂。注意不要让蜂团全部裸露出来，那样不利于保温。

（2）查存蜜

蜂群经历一个冬天的消耗，剩余的蜂蜜能否满足蜂群等到外界零星花源开放，是整个蜂群生存的关键。蜂桶特轻，预示存蜜少，取下一端盖板，拿细竹签从中间巢脾插进去，估测深度到蜂团为止，深了会插伤子脾。提起竹签，竹签上粘有较多的蜂蜜，说明繁蜂饲料足够；饲料少则需要补喂糖水。

(3) 补喂和奖饲

传统养蜂，由于秋季取蜜过多，到春季繁殖时，饿死、饿跑蜂群的现象时有发生。发现蜜少时应及时补喂，在蜂巢下面靠近巢脾下方放1个能装1斤（1斤=500克）糖水的容器，里面放松针或柏树细枝等漂浮物。蜂蜜缺少，补喂量要多，一次补喂1:1的糖水500克，连喂3天，隔2天再连喂3次即可。为刺激工蜂兴奋、促进蜂王产卵、加快繁殖，可用少量的糖水对蜂群奖饲。奖饲糖水按质量为4:6进行配制，奖饲时间不要太早，天晴时工蜂带有新鲜的花粉进巢即可奖饲。奖饲量为每天100克糖水，隔2天一次奖励，到本地菜花初期结束，结束前取出容器。

(4) 预防巢虫

预防巢虫是传统养蜂的重要工作，主要采用清扫蜡渣和堵塞缝隙来预防。将蜂桶的一端桶盖打开，用笤帚扫净蜂桶下面的蜡渣，再用黄泥填补蜂桶底部的缝隙，盖回桶盖，填补好桶盖缝隙。一般半个月左右清理一次。

（5）取蜜

　　主要蜜源流蜜中期，蜂已满桶，抱箱沉重，此时就可取蜜。打开桶盖的一端，用艾烟熏要取蜜一边的蜂三四分钟，一是让蜂受惊钻进巢房吸掉一些未封盖的蜜；二是被烟镇服的吸足蜜的工蜂，对人的攻击性降到最低。注意每次取蜜时要左右两区轮换，这样可以淘汰老巢脾。

（6）分蜂

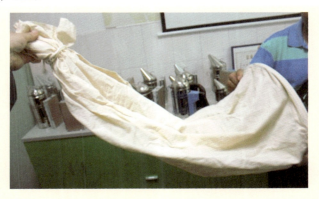

　　分蜂期等分蜂群分出结团后1小时内收捕回另成一群；也可当发现分蜂开始时，将事先准备的透明小布袋安装到巢门口，蜂像潮水般涌进入袋内，待不再出蜂时，速将袋口扎住，分蜂一个也跑不掉，然后再适当处理，使之成为一个新分群。

二、竖立式蜂桶饲养方法

1. 蜂桶的制作

　　把空树干（或木板等制作的桶）立放，上有遮盖，下部开孔，中间横有固定巢脾的木条。该桶又被称为三峡桶。为方便蜂群造巢脾和取蜜，蜂桶的直径应比横放时小一些。

2. 饲养方法

　　竖立式蜂桶的饲养方法与卧式蜂桶基本一致，仅在清扫桶底和取蜜方面有点差异。采用此种饲养方式在取蜜时不伤子脾，全年基本保证蜂多于巢脾、利用新巢脾，是传统饲养中比较先进的方法。

（1）清扫桶底预防巢虫进入

　　清扫有大扫和小扫两种。大扫：用艾烟从桶底熏烟两三分钟后，把桶搬开，用笤帚扫净蜂桶底板上的蜡渣，再用石灰水冲洗，把蜂桶放回原位前，用手顺桶底内壁摸一遍，因为桶底内壁经常有被工蜂从巢脾上驱逐下来的巢虫在此集聚，边摸边除。小扫：把蜂桶倾斜，用笤帚将桶底扫清即可。大扫一月一次，小扫一星期一次。清扫完后用泥土堵住缝隙，以防螟蛾和盗蜂。

（2）割蜜

割蜜时用艾烟熏蜂三四分钟，用刀割开桶盖，蜜脾排列清晰可见。把蜂桶用木架支起来，使巢脾与地面垂直。把子脾端抬高，利于割蜜时蜂蜜顺桶流出。将瓷盆放在蜂桶口下，用勺子一块一块挖出封盖巢蜜放入盆中，挖到中心巢脾有花粉脾为止。中心花粉脾处于巢脾花粉区抛物线的顶端，顶点两端还有巢蜜，这些蜜应留给蜂群做饲料。天气晴好，后期植物流蜜良好，这部分饲料蜜还可适当挖点，增加产量。

取蜜后，在原蜂巢位置放好4根木棍，防止压死蜜蜂，把桶放回原位，让蜂蜜吸收转移流蜜，修复巢脾。第二天倒转蜂桶，蜂桶子区朝上，下部空出。蜂桶倒转后，蜜蜂会把子区巢脾与上盖连接，巢脾一部分用于蜂王产子，另一部分用于储蜜。

蜜蜂在用巢脾连接上盖的同时，部分工蜂转移到空出的下部接旧巢造出整齐的新巢脾，很快蜂王又把产卵繁殖区逐步向下移；蜂桶上部的子区，等封盖幼蜂出完后，又成了蜜区。

三、方格式蜂桶饲养方法

方格式蜂桶又叫格子箱，是一种模拟中华蜜蜂的筑巢习性而得到广大蜂农肯定的自然养蜂方式。蜜蜂向下发展巢脾，向上储蜜，巢脾从上至下分为蜜区、粉区、育儿区。运用方格式蜂桶饲养中蜂，一整格一整格地割开顶层格子取蜜，能够获得成熟的巢蜜，而且取蜜容易，不伤蜂群，是业余养蜂者的首选。但清扫桶底和查看蜂群时格子之间易错位，不如方桶好管理。

1. 蜂桶的制作

方格式蜂桶由多层单独格子、1个大盖和底座组成。

2. 饲养方法

方格式蜂桶的饲养方法与以上两种基本一致，仅在取蜜和加空框方面有点差异。采用此种饲养方式在取蜜时不伤子脾，全年基本保证蜂多于巢脾、蜂群利用新巢脾，是目前传统饲养中比较好的方法。

方格式蜂桶饲养不需要人工过多管理，任由蜂群在箱内自由做巢，待蜂巢从顶部格子层向下延伸到下一层时，根据空间需要，可以人工在下面加一个格子层。待顶层蜜满，需要取蜜时，只需要用细铁丝从顶层和下一层间的接缝中用力拉以将蜂巢切断，就分离出了顶层的蜜，待顶层腾空后可以继续加在最下面供蜂做巢，循环使用。

第二节　野生中蜂的诱捕和分蜂团的收捕

一、野生中蜂的诱捕

1. 诱捕时间

诱捕野生中蜂，应抓住良好的时机。诱捕的对象绝大部分是分蜂群，也有因缺饲或病敌害等被迫迁移的。因此，要在分蜂高发期、巢虫和胡蜂猖獗时期及蜜源枯竭时期诱捕野生蜂群。

2. 诱捕野生中蜂的蜂桶选择

诱捕野生中蜂的蜂桶要不透光、洁净、干燥及没有木头或其他特殊气味，最好是附着蜡基的蜂桶，具有蜜蜡和蜂群的气味，对蜜蜂富有吸引力，尤其是留着巢脾的旧桶最好。放好诱蜂桶后，再用树叶保护，防止别人盗箱。

3. 选择诱捕野生中蜂地点的依据

（1）充足的蜜粉源

诱蜂桶应该放在蜜粉源丰富的地区。

（2）适宜的位置

诱蜂桶放在坐北朝南山腰的岩洞下、檐前或大树下等不会受到日晒雨淋的地方最理想。

（3）目标明显

突出的目标容易被侦察蜂发现，而且便于蜜蜂出入活动。天然明显的目标有：山中突出的隆坡，从四周远望都可以看到，蜜蜂采集飞行较方便；大树，它既是野生蜂营巢的目标，又常是分蜂团暂时栖息的场所；山岩下，周围没有杂草乱树，目标明显，特别是悬崖绝壁，敌害难以接近，适于蜜蜂安居。

4. 适时检查，诱入成功要及时安置

要定时检查诱蜂桶，检查的次数视季节和路程远近而定。分蜂季节一般3天检查1次，久雨初晴，要及时检查。

发现野生蜂已经进箱，等到傍晚其归巢后，关闭巢门搬回。旧式诱蜂桶最好在当晚借脾过箱。

二、分蜂团的收捕

中蜂自然分蜂时，会在蜂场周围的树枝或屋檐下临时结成一个大的蜂团，待侦察蜂找到新巢后，全群便远飞而去。因此，收捕蜂团应及时、迅速。否则，蜂群再次起飞后就难以收捕了。蜂群全群飞逃时，应洒水或扬沙子迫使蜂群就近结团并及时收捕，因飞逃群是已找好新巢的，当蜂王出巢后，蜂群就会向找好的新巢迁飞。

收捕蜂团一般使用蜂笼，利用蜜蜂向上的习性进行收捕。蜂笼里可绑上一小块巢脾（或抹点蜂蜜）。收捕时，将蜂笼放在蜂团上方，用蜂刷或带叶的树枝，从蜂团下部轻轻扫动，催蜂进笼。待蜂团全部进笼后，再抖入准备好的内放巢脾的蜂桶内。

如果蜂团在高大的树枝上，人无法接近时，可用长竿将蜂笼挂起，靠在蜂团的上方，待蜂团入笼后，既轻又稳地放下蜂笼。如果蜂团结在小树枝上，可轻轻锯断树枝，直接抖入蜂箱内。

中蜂蜂场有时会发生多群飞逃并一起结团现象。这时容易发生围王，首先要救出蜂王，然后分别收捕，放入各群内。

收捕的蜂团一般不要放回原群，应用巢脾或巢础框组成新巢，其他蜂群如有子脾，可提入 1～2 张巢脾到收捕蜂群中。收捕后第二天，如果蜜蜂出入正常，工蜂采粉归巢，说明已安定下来。过 2～3 天再检查，整理蜂巢，晚上饲喂几天，使蜂群安定，早日造好新巢脾。

第五章

中蜂的过箱技术

将饲养在木桶、树洞和墙洞等处的中蜂，固定蜂巢后，转移到活框蜂箱中饲养称为中蜂过箱。

第一节 中蜂过箱的最适时期及过箱前的准备工作

☞ 一、中蜂过箱的最适时期 ☞

外界必须有丰富的蜜、粉源。

气温在20℃左右。

群势达到 3 ~ 4 脾蜂，子多。

二、过箱前的准备工作

1. 移好蜂群

准备过箱的蜂群若在不便操作的地方，应按照蜂群移动的方法逐日移至要放的位置。

2. 准备好工具

准备好过箱所需的蜂箱、巢框、喷有糖水的收蜂笼、绑巢脾的麻线、喷烟器、割蜜刀、面罩、蜂刷、剪刀、小刀、镊子、钳子、洗脸盆、清水、抹布、蒿草、木棒等用具。

3. 组织好人员

过箱时需要 3～4 人合作才能完成。1 个人负责驱蜂、割脾；2 个人负责修脾、绑脾；1 个人负责还脾、收蜂入箱及布置新蜂巢。

第二节　过箱的方法

中蜂过箱的方法有翻巢过箱、不翻巢过箱、借脾过箱 3 种，在操作方法上略有差异，但操作程序基本一致，包括驱蜂离脾、割脾、绑脾、还脾、抖蜂入箱和催蜂上脾。以下只介绍翻巢过箱的相关内容，有条件者可用借脾过箱。

☞ 一、驱蜂离脾 ☞

把旧蜂桶轻轻移开，在原地放 1 个蜂箱，巢门方向、高低应与先前一致。将旧蜂桶的桶盖轻轻打开，观察巢脾的建造方位，使巢脾纵向与地平面保持垂直，然后顺势把蜂巢缓慢转过 180°，放稳，使巢脾固着于桶的一端在下，游离的下端向上。

在蜂桶口放收蜂笼，四周最好用布等堵严，再用木棒等在蜂桶的下方轻轻敲打，使蜜蜂离脾到蜂笼里结团。如果翻巢后巢脾横卧，则应用木棒敲打有巢脾的一端，驱蜂离脾到没有巢脾的一端结团。操作时不要过急，不然会把已结的蜂团驱散。

二、割脾、绑脾

中蜂离脾后就可进行割脾。同时，把收蜂笼稍垫高一些，放在原来位置的附近，便于回巢的蜜蜂飞入笼内集结。

割脾时，用左手托着巢脾的下端，右手持割蜜刀从巢脾的基部由前向后逐一割下并分别放在平板上。若巢脾上还有蜜蜂，就用蜂刷刷到收蜂笼处。

割脾后就开始修脾。将巢框放在巢脾上，按巢框内围的大小用刀切割，去掉多余的部分。小于巢框的新巢脾，将基部切直。切割时，留子脾和粉脾，并适当留下一些蜜脾，供蜜蜂食用。巢脾切好后，立即进行装脾，将巢脾基部紧贴巢框上梁，顺铅丝用小刀逐一划线，深度不能超过巢脾厚度的一半，再用埋线棒将铅丝埋入划过的线内。这样，经过蜜蜂修整后，巢脾才能牢固地固定在巢框上。

巢脾装好后，立即进行绑脾。绑脾一定要细心，做到子脾平整牢固。绑脾的方法有插绑、钩绑、吊绑和夹绑等，可根据具体情况选用。

在整个操作过程中，必须经常擦洗手上和木板上的蜂蜜，以保持脾面整洁，否则会使蜜蜂延迟护脾，冻死蜂儿。

三、还　脾

巢脾绑好后，立即将其放入蜂箱内，以免冻伤幼虫或引起盗蜂。巢脾的排列方法是：子脾面积大的放在中央，其次是面积小的，两旁放蜜脾，最外侧放隔板。巢脾间蜂路保持 8～10 毫米宽。

四、抖蜂入箱

巢脾放好后，一个人手提中蜂已结好团的收蜂笼，另一个人拿覆布。提收蜂笼的人要稳，准确地对着巢脾将蜂抖入新箱内，另一个人立即盖上覆布和箱盖，静息几分钟后可打开巢门，让外面的中蜂爬入箱内。如果结团的蜜蜂在旧桶内，则将蜂桶竖直，抖蜂入箱，发现蜂王已被抖入箱内，立即盖上覆布和箱盖，静息 2～3 分钟后再打开巢门。

五、催蜂上脾

待中蜂完全入箱安静后，打开箱盖，揭开没有放巢脾一边的覆布，如果发现中蜂在无脾的一侧箱内结团，用蜂刷或树枝轻扫蜂团，催蜂上脾、护脾。

过箱后一两小时从箱外观察蜂群的情况，若巢内声音均匀，出巢蜂带有零星蜡屑，表明工蜂已经护脾，不必开箱检查。若巢内嗡嗡声较大或没有声音，即工蜂未护脾，应开箱查看。如果箱内中蜂在副盖上结团，即提起副盖调换方向，将蜂团移向巢脾，催蜂上脾。

第三节　中蜂过箱后的管理

一、防盗蜂

中蜂过箱后，将蜂箱放在原处，收藏好多余的巢脾和蜂桶，清除桌上或地上的残蜜，把蜂箱的巢门缩小到只让2~3只蜜蜂进出。

二、补 饲

　　过箱的当天晚上应喂给一碗蜜水或白糖水，连续喂 2~3 个晚上，以补足过箱时所失去的蜂蜜。

三、及时检查，发现问题及时处理

　　过箱后次日观察到工蜂积极进行采集和清巢活动，并携带花粉团回巢，表示蜂群已恢复正常。若工蜂出勤少或没有花粉带回，应开箱快速检查。如果中蜂没有上脾和护脾，集结在副盖或箱壁上，按前面催蜂上脾的方法促蜂护脾；如果有坠脾或脾面已严重被破坏者，应立即抽弃，若只有少部分下坠，可重新绑脾。

👉 四、拆绑脾线 👉

　　过箱后2~3天可拆去绑脾的麻线等物，察看工蜂是否已泌蜡把巢脾与巢框连接好。如果尚未接好，就推迟拆线的时间。没有粘牢或下坠的巢脾应重新绑牢。如果巢脾和巢框接歪了，要及时用刀把连接处割开推正。同时，应把箱底的蜡屑和污物清除干净。

第六章

中蜂活框饲养的基本操作技术

第一节 中蜂饲养场地的选择与蜂箱的排列

 一、较好的蜜粉源

盐肤木

油菜

在蜂场周围 2~3 千米内，要求蜜粉源植物面积大、数量多、长势好、粉与蜜兼备，1 年中要有 2 个以上的主要蜜源和较丰富的辅助蜜粉源。

二、场地条件

地势高燥、背风向阳、地势开阔、环境幽静、人畜干扰少、交通相对方便、具有洁净的水源和远离烟火、糖厂、蜜饯厂的周围。避免选择在中蜂迁飞过境地，过境地易出现蜂群跟随。

凡是存在有毒蜜粉源植物或农药危害严重的地方，都不宜作为放蜂场地。

中蜂与西蜂一般不宜同场饲养，尤其是缺蜜季节，西蜂容易侵入中蜂群内盗蜜，致使中蜂缺蜜，严重时引起中蜂逃群。

三、蜂箱的排列

中蜂的认巢能力差，但嗅觉灵敏，当采用紧挨、横列的方式布置蜂箱时，工蜂常误入邻巢，并引起格斗。因此，中蜂蜂箱应依据地形、地物尽可能分散排列，各群前后左右保持在3米以上；各群的巢门方向应尽可能错开，让各个蜂群的飞行路线错开。在山区，利用斜坡布置蜂群，可使各箱的巢门方向、前后高低各不相同，甚为理想。

如果放蜂场地有限，蜂群排放密集，可在蜂箱前壁涂以黄色、蓝色、白色和青色等不同颜色，以及设置不同图案方便蜜蜂认巢。

对于转地采蜜的中蜂群，由于场地比较小，可以3～4群为一组进行排列，组距1～1.5米。但两个蜂箱相靠时，其巢门应错开45°～90°。当场地小、蜂群多，需要密排时，可采取分批进场的办法，把先迁来的蜂群在全场布开，2～3天后再把后迁入的蜂群插入前批各箱的旁侧，这样可以减少迷巢现象。

饲养少量的蜂群，可选择在比较安静的屋檐下或篱笆边进行单箱排列。

矮树丛多的场地，蜂箱可以安置在树丛一侧或周围，以矮树丛作为工蜂飞翔和处女王婚飞的自然标记，也可以减少迷巢现象。

蜂箱排列时，应采用箱架或竹桩将蜂箱支离地面 300～400 毫米，以防蚂蚁、白蚁和蟾蜍为害。

第二节　蜂群的检查

检查蜂群的目的就是了解蜂群的情况，根据蜂群发展变化的规律，采取有效的管理措施。检查蜂群的方法有箱外观察和开箱检查，应根据不同的情况选择不同的检查方式。由于中蜂具有喜安静、怕干扰，开箱时容易骚动或离脾的特性，检查蜂群时长时间开箱会使蜂群性情暴烈、全场起盗、冻伤幼虫引起病害等。因此，初养中蜂者，一定要注意不能照搬西蜂的管理方式，尽量少开箱，多采用箱外观察，确认有必要时再开箱检查。

 一、箱外观察

在不适宜开箱的情况下或为了节省时间，可通过箱外观察的方法推断蜂群内部的大致情况。检查的内容通常有以下几个方面：

（1）箱内储蜜多少

用手提起蜂箱，如果感到沉重，则说明储蜜足；反之，则有缺蜜的可能。如果看到巢门前工蜂驱赶雄蜂或拖子现象，便证明蜂群已严重缺蜜。

（2）是否失王

在外界有蜜粉源的晴暖天气，如果工蜂出入频繁，归巢时带回大量花粉，表示蜂王健在且产卵正常；如果工蜂采集懒怠，无花粉带回，有的在巢门前来回爬行或轻轻扇翅，则有失王的嫌疑。

（3）判断群势强弱

在适宜于中蜂出巢活动的日子里，若巢门口熙熙攘攘，有许多工蜂同时出入，而到傍晚又有大量归巢的工蜂簇拥于巢门踏板上，这就是强群的标志；若巢门口显得冷冷清清，出入的工蜂明显少于其他蜂群，可推测为群势较弱。

（4）自然分蜂的预兆

如果白天大部分蜂群出勤很好，而个别蜂群很少有中蜂飞出，却簇拥在巢门口前形成"蜂胡子"，则说明即将发生自然分蜂。

（5）遭胡蜂袭击

夏季和秋季，如果在蜂箱前方突然出现大量伤亡的青壮年蜂，其中有的无头、有的残翅或断足，表明该蜂群遭受了胡蜂的袭击。

（6）遭盗蜂侵袭

当外界蜜粉源稀少时，如果发现蜂群巢门前秩序紊乱，工蜂三三两两地厮杀在一起，地上出现不少腹部卷起的死蜂，就说明此蜂群遭盗蜂袭击。有的弱群巢门前，虽然不见工蜂抱团厮杀和死蜂的现象，但若发现出入的中蜂突然增多，进巢的中蜂腹部很小，而出巢的中蜂腹部膨胀，这也说明受到了盗蜂的袭击。

（7）农药中毒

在晴暖无风的日子里，如果突然有些工蜂在蜂场周围追蜇人、畜，有的在空中做旋转飞翔或在地上翻滚，箱底和箱外出现大量伸吻、勾腹的死蜂，有些死蜂后足上还带有花粉团，便可以断定蜂场附近的农田里喷洒了农药，致使采集蜂中毒死亡。

（8）蜂群患下痢病

在巢门前如果发现有中蜂的体
色特别深暗，腹部膨大，飞翔困
难，行动迟缓，并在蜂箱周围排
泄出稀薄而恶臭的粪便，则说明
其患下痢病。

（9）蜂群在巢内感到拥挤、闷热

盛夏季节的傍晚，如果部分中蜂不愿进巢，却在巢门周围聚集成
堆，说明巢内已过于拥挤、闷热。

 二、开箱检查

开箱检查有局部检查和全面检查。

1. 开箱前的准备工作

　　检查蜂群以前，准备好随手应用的起刮刀、蜂刷等用具和记录本，戴上面网。为了避免蜂蜇，要穿着浅色服装。春秋两季气温较低时，扎上袖口和裤腿，要防止蜜蜂钻入衣内。身上不要有浓烈的酒味、蒜味、葱味、香水味等刺激性气味。

2. 开箱的方法

　　从蜂箱侧面或后面走近蜂群，站在蜂群的侧面，背向阳光。取下箱盖，翻转放在箱后的地面上，取下副盖和盖布，翻过来搭在蜂箱巢门前的底板上。

　　把隔板向外推开或提到箱外，用手插入两框之间靠近框耳（巢框的握手）处，轻轻提出巢脾查看，如果箱内放满了巢脾，先提出第2个巢脾，临时靠在蜂箱的旁边或放在一个空蜂箱内。

双手紧握巢框两端的框耳，将巢脾垂直提出，注意不要与相邻的巢脾和箱壁碰撞，以免挤伤蜜蜂或将蜜蜂激怒。

提出巢脾的一面对着视线，与眼睛保持约 30 厘米的距离。

查看完一面需要看另一面时，先将巢框上梁垂直地竖起。

以上梁为轴使巢脾向外转半个圈。

然后再将提住框耳的双手放平，便可检查另一面。

查看巢脾后将其放回蜂箱，摆好蜂路（8~12毫米），还原隔板，盖好副盖和箱盖。

　　查看巢脾和翻转巢脾，使巢脾始终与地面保持垂直，可以防止巢脾里的稀蜜汁和花粉撒落。

　　初次检查蜂群，首先要克服恐惧心理，动作要轻稳，若有蜜蜂扑面飞舞可稍停片刻。即使偶尔被蜇，也不要慌张，可将巢脾放下，刮去螫针。切不可挥打蜜蜂，弃脾逃跑，否则蜜蜂就会追逐刺蜇。

3. 局部检查

局部检查也称快速检查，就是从蜂群中提出一两张巢脾进行查看。只需要了解蜂群中某些情况时可采用此法。

由于不是逐脾检查，在检查前要有明确的目的性，应事先考虑好在什么部位提脾，以便对要了解的情况做出准确的判断，收到事半功倍的效果。对蜂群进行局部检查的主要内容和判断情况的依据如下：

（1）储蜜多少

只需要查看边脾上有无存蜜，或者隔板内侧第2张巢脾的上角部位有无封盖蜜即可。若有蜜，则表示储蜜充足；反之，说明储蜜不足，需要饲喂。

（2）有无蜂王

蜂王常在蜂巢中部的巢脾上活动，提脾时应选中央的巢脾。若在提出的脾上未见蜂王，但巢房里有卵（立卵）或小幼虫，说明该蜂王健在；若不见蜂王，又无各龄蜂子，却见有工蜂在巢脾上或框顶上惊慌扇翅，这就意味着已失王；若发现巢脾上的卵分布极不整齐，一个巢房里有几粒卵，而且东倒西歪，则说明失王已久，蜂群内有了产卵工蜂；如果蜂王和一房多卵现象并存，说明蜂王已经衰老或存在生理缺陷。

（3）加脾或抽脾

蜂群是否需要加脾或抽脾，主要看蜜蜂在巢内的分布密度和蜂王产卵力的高低，通常抽查隔板内侧的第 2 个巢脾就可做出判断。若蜜蜂在该巢脾上的附着面积达八九成以上，蜂王的产卵圈已扩展到边缘巢房，并且边脾是蜜脾，就需要及早加脾；若该巢脾上蜜蜂稀疏，巢房里不见卵，则应适当抽脾，紧缩蜂巢。

（4）蜂子发育状况

检查蜂子的发育状况，一是要查看蜂群对幼虫饲喂的好坏，二是要查看有无幼虫病。欲查明这些情况，应从蜂巢的偏中部位，提一两个巢脾进行观察。如果幼虫显得滋润、丰满、鲜亮，封盖子脾非常整齐，即发育正常；若幼虫长得干瘪，甚至变色、变形或出现异臭，整个子脾上的卵、幼虫、封盖子混杂，说明蜂子发育不良或患幼虫病。

4. 全面检查

全面检查就是对蜂群逐脾进行仔细检查，以便掌握蜂群内部的全部情况，并制订有针对性的管理措施。

检查前，应准备好用具，不要因准备不足而拖延检查时间。检查应在气温13℃以上进行，夏季宜在早上进行。检查速度要快，动作要轻、稳。若为处女王交尾群，检查时应避开处女王试飞或婚飞时间，以避免处女王归巢时错投他群。由于全面检查对蜂群有一定影响，应尽量少开箱，不得已开箱检查时动作一定要轻、要稳；对于蜂王所在的巢脾，不可翻来覆去地长时间察看，应尽快放回蜂巢，并盖好覆布，以防蜂王起飞，然后再继续察看其他巢脾；如果蜂王所在巢脾需要处理，做好记录等下次再处理；有时开箱检查万一发现蜂王起飞，可先不盖箱，人先离开，过一会儿蜂王也许会返回原箱，然后再盖上箱盖等第二天再检查，看蜂王是否还在。

全面检查一般只在早春繁殖期，每个蜜源花期始末、分蜂期及秋季换王、越冬包装前进行，气温低时、流蜜高峰期、盗蜂多发季节等都不宜进行全面检查。

全面检查主要包括蜂王的质量、蜂王产卵的情况、子脾的数量、饲料充足与否、蜂脾关系、病敌害情况；分蜂季节还应了解是否有自然王台和分蜂征兆；流蜜期必须掌握进蜜、储蜜及蜂蜜的成熟情况。检查完后，巢脾应及时还回箱内，调整好蜂路，再盖好箱盖，不要挤压死蜜蜂，并将检查结果详细记下。

第三节　蜂群的饲喂

野生蜂群的饲料只能依靠蜜蜂本身在自然界中进行采集，完全处于自生自灭的状态。而人工饲养的蜂群，当它们从自然界采集到较多的花蜜时，便可以从中收取盈余；而当自然界提供的饲料不足时，可对其进行补饲。因此，人们必须遵循"该取则取，该喂则喂"的原则。对蜂群饲喂主要有糖水、花粉、水等。

☞ **一、饲喂糖水** ☜

蜂蜜是蜂群的主要饲料，蜂群缺蜜就不能正常发展，甚至难以生存。对蜂群喂糖水有补助饲喂和奖励饲喂两种。

（1）**补助饲喂**　对缺蜜蜂群喂以大量高浓度的蜂蜜或糖浆，使其能维持生活，即补助饲喂。

用成熟蜜 3～4 份或优质白糖 1 份，兑水 1～1.5 份，以文火化开，待放凉后，于傍晚装入饲喂器喂给。每次每群饲喂的量以前半夜吃完为好，未吃完者第二天一早要及时取出。连喂数次，但连续给糖 3 天尚未补足者，应暂停饲喂，间隔 2 天之后再行补喂，直至补足为止。对于弱群，用蜂蜜或糖浆饲喂易引起盗蜂，必须加入蜜脾予以补饲。若无准备好的蜜脾，可先补喂强群，然后再将强群的蜜脾补给弱群。

（2）**奖励饲喂**　为了刺激蜂王产卵和工蜂哺育幼虫的积极性，常用稀薄的蜜水或糖浆饲喂蜂群，即奖励饲喂。

用成熟蜜 2 份或白糖 0.7 份，兑净水 1 份进行调制，每日每群喂给 0.2～0.5 千克。次数以不影响蜂王产卵为原则，并且要遵循"宜少不宜多，宜淡不宜浓"的原则。

二、饲喂花粉

花粉是蜜蜂蛋白质、脂肪的主要来源。花粉缺乏时，蜂群的发展会受到影响。因此，在蜂群繁殖期内，外界缺乏花粉时，必须及时补喂花粉。

用蜜水或糖浆把消毒过的花粉调制成糊状，放在蜂巢中央的框梁上供蜂食用。

三、喂水和喂盐

水是蜜蜂维持生命活动不可缺少的物质，蜜蜂的各种新陈代谢机能都不能离开水，蜜蜂食物中养料的分解、吸收、运送及利用后剩下的废物排出体外都需要水。此外，蜜蜂还用水来调节蜂巢内的温度和湿度。在繁殖期，由于幼虫数量多，需水量最大。在蜜蜂的生活中，还需要一定的无机盐，一般可从花粉和花蜜中获得，也可在喂水时加入 0.5% 食盐进行饲喂。

在早春和晚秋采用巢门喂水，即每个蜂群巢门前放一个盛清水的小瓶，用一根纱条或脱脂棉条，一端放在水里，另一端放在巢门内，使蜜蜂在巢门前即可饮水。平时应在蜂场上设置公共饮水器，如用木盆、瓦盆、瓷盆之类的器具盛水，或者在地面挖个坑，坑内铺一层塑料薄膜，然后装水，在水面放些细枯枝、薄木片等物，以免淹死蜜蜂。

第四节　巢脾的修造与保存

　　巢脾是蜂群繁殖、栖息、储存食物的场所，泌蜡筑巢是蜜蜂的本能。蜜蜂在巢脾上育虫羽化后，其巢房内会留下茧衣，随着育虫代数的增加，其巢房容积会越来越小，影响到新蜂的发育，造成出房的蜜蜂个体变小，直接影响蜂群的生产，也易造成疾病流行，因此，蜂群应不失时机地多修造新脾，更换老脾。一群蜂所需要的巢脾数量要依据饲养方式和方法而定，一张巢脾一般使用 1 ~ 2 年，中蜂喜爱新脾，厌恶旧脾，饲养中要做到常年使用新脾。

　　更换下来的巢脾易生巢虫、发霉及遭鼠害，被危害的巢脾就失去了其使用价值，蜂场应加强对巢脾的保管。

　　中蜂巢脾的修造和保存应注意以下几个环节。

👉 一、造脾的最适时期 👈

　　蜂群达到 3 张脾以上的群势且没有分蜂情绪，同时有大量的适龄泌蜡工蜂（8 ~ 18 日龄）。

　　蜜蜂泌蜡造脾需要消耗大量的营养，在良好的条件下，每千克蜡需要消耗 3.5 千克以上的蜂蜜，只有在大流蜜期或补助饲喂的情况下，蜜蜂才积极造脾。有蜜源不造脾，也会造成浪费。

蜂群中出现巢房发白加高、上梁起白蜡点、隔板外起赘脾等现象时，是造脾的最适时期。

👉 二、造脾前的准备 👉

在造脾前 2~3 天要做好造脾的准备工作。

把蜂群内无子或少子的旧脾抽出，使群内蜜蜂密集。

对造脾蜂群实施奖励饲喂，促使蜜蜂泌蜡造脾。

　　巢框可购买或自己制作，但必须制作平整。从巢框侧梁横向穿上24号或26号铁丝，先将一端固定好，用铁钳拉住另一端，用力拉紧，然后将此端固定好即可。

　　将巢础片切割到刚好能够放入巢框中，将整个巢框平放在埋线板上，用埋线器将铁丝轻轻压入巢础中。巢础必须平整，不能凸凹不平。

三、造脾的方式和方法

　　为了发挥蜜蜂的造脾积极性，诱导蜜蜂适时造脾，应根据蜂群的具体条件分别采取以下方式和方法造脾：

（1）无础造脾

　　当无分蜂热的蜂群大量进蜜、进粉，巢内子脾正常、蜂多于脾，并且无巢础时，可插入空巢框造脾。

（2）加础造脾

当蜂群大量进粉、进蜜，巢内子脾正常、蜂脾相称，并且巢脾基本满框时，可插入巢础框造脾。

（3）接力造脾

让善于造脾的蜂群连续不断地造脾，待巢脾修造至 3～4 成时，调给造脾不积极或起分蜂热的蜂群继续完成。

（4）割旧脾造脾

中蜂的育虫区通常在巢脾的中下方，储蜜区的巢房仍未变黑，因此，在非分蜂期可以利用原来的巢脾造脾。把巢脾中下方黑旧部分切掉，让蜂群重新修造。

（5）巢础条造脾

当巢础短缺时，可以将宽度为 30～50 毫米的巢础条嵌装在巢框上梁处让中蜂造脾。

四、巢础框的放入位置

巢础框的放入位置应该根据蜂群的情况决定。

一般情况下，巢础框应加在隔板内侧。如果蜂群的群势较好，可以加在幼虫脾和卵脾之间。如果群势较小，可加在饲料脾和子脾之间。

2框群可插在2张脾之间。

3框群可插在隔板内第2框和第3框之间。

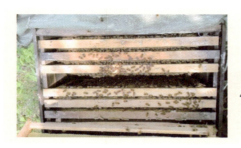

4 框群或 6 框群可插在中间，或者隔板内第 3 框与第 4 框之间。

5 框群可插在隔板内第 2 框与第 3 框之间，或者第 3 框与第 4 框之间。

五、加础造脾的注意事项

新加的巢础要用清水浸泡，再用软毛刷清洗巢础。

为使蜂群接受新巢础，新加巢础上应喷一层糖水。

一般情况下，每群每次加1个巢础，加入的巢础未造好时，不要急着加第2个巢础。

加入巢础时，巢础框两侧的蜂路要缩小到5毫米左右，巢脾基本造好后可恢复原蜂路。

对造脾偏向的巢脾或巢础框要适当掉转方向。

在寒潮时，弱群暂不加础造脾。

非流蜜期，每晚要对造脾蜂群进行奖励饲喂。

👉 六、巢脾的保存方法 👈

从蜂群中抽出的巢脾，如果不经过处理就保存，容易发霉、滋生巢虫等。巢脾从蜂群中撤出后，应及时对染病巢脾予以消毒或淘汰化蜡，其余巢脾按蜜脾、粉脾、空脾分类装箱，保存于清洁、干燥、密闭性较好的仓库中。刚摇完蜜的巢脾在收存前，一定要让工蜂吸净巢房内的存蜜，刮净巢框上的蜡瘤、粪便，挑出其上的少量幼虫和封盖子。特别是在存放前，要对巢虫进行严格防治，防治方法包括二氧化硫熏蒸法和二硫化碳熏杀法。

（1）二氧化硫熏蒸法　用木材制作一个蜂箱大小的多层架子，除第一层外，其余层放好巢脾，并用塑料薄膜密封好。药剂按每立方米 50 克硫黄粉的用量放入容器中，并加入数块燃烧的木炭，便会立即产生二氧化硫气体，并充满整个存脾的空间，二氧化硫气体可杀死蜡螟的幼虫和成虫。由于杀不死卵和蛹，过 7 天后需要再熏 1 ~ 2 次。熏蒸过程中，要观察木炭的燃烧情况，直至其熄灭为止，以防火灾。

（2）二硫化碳熏杀法　将多层架子上放好巢脾，中间空出部分放一个容器或吸水性强的厚纸盛放液体二硫化碳，用量为每立方米 30 毫升。利用二硫化碳的自然挥发，以及其密度比空气大而自然下沉的特点，从上往下熏杀。二硫化碳对人体有毒、易燃，放药时，人要站在上风口并戴口罩，不要靠近火源。

巢脾所处空间若密封不严，实际用药量可酌情增加；巢脾使用前应取出通风，待完全没有气味后方能使用，或者用石灰水浸泡1~2天，再用清水冲洗干净并晾干后使用。

第五节 盗蜂的预防与处理

串到别的蜂群内盗取储蜜的工蜂称为盗蜂。中蜂蜂群最易出现盗蜂，一定要加强管理，一旦起盗，轻则储蜜盗空，重则工蜂斗杀、蜂群伤亡、传播疾病，如果全场起盗，损失更加惨重。

 一、如何预防盗蜂的发生

（1）蜜源丰富

选择蜜粉源丰富的场地，坚持常年养强群，是预防盗蜂的关键。

89

（2）检查蜂群要熟练

平常检查蜂群时，动作要快，时间要短。

（3）管理要到位

在繁殖期、蜜源尾期和蜜源缺乏的时期合并弱群和无王群，紧缩蜂巢保持蜜蜂密集，留足饲料，缩小巢门，填补蜂箱上的缝隙。

（4）饲喂得当

饲喂蜂群时，勿使糖汁滴落箱外，应在晚上饲喂，并且保证当晚吃完。

（5）远离西蜂

中蜂和西蜂不宜同场饲养，西蜂饲养场应离中蜂饲养场较远。

（6）提前离场

当中蜂与西蜂同场地采蜜时，蜜源尾期应提前离场。

 二、盗蜂的识别

盗蜂多为老蜂，体表茸毛较少，油亮而呈黑色，飞翔时躲躲闪闪，神态慌张，飞至被盗群前，不敢大胆面对守卫蜂，当被守卫蜂抓住时，试图挣脱。盗蜂出工早，收工晚。盗蜂进被盗群的巢前腹部较小，出巢时腹部膨大，吃足了蜜，飞行较慢。

如果巢门前有三三两两的工蜂抱团撕咬，一些工蜂被咬死或肢体残缺，就是出现盗蜂了。

在被盗蜂群的巢门前撒上一些白色的滑石粉或灰面，观察带白粉的工蜂的去向，即可以找到偷盗群。

🖒 三、发生盗蜂时的处理 🖒

一旦出现盗蜂，应立即缩小被盗群的巢门，以加强被盗群的防御能力和造成盗蜂进出巢的拥挤。用乱草虚掩被盗群巢门，或者在巢门前撒草木灰、涂石炭酸、放卫生球或洒煤油等驱避剂，迷惑盗蜂，使盗蜂找不到巢门；也可将杀蚊子和蟑螂用的杀虫气雾剂喷在纸巾上，放到巢门旁边就行，5 分钟后就基本止盗了，蜜蜂有微量死亡，但好过蜜蜂抱团打死好得多。如果还不能制止，就必须找到偷盗群，关闭其巢门，捉走蜂王，造成其不安而失去盗性；或者将被盗蜂群迁至 5 千米之外，在原处放一空箱，让盗蜂无蜜可盗，空腹而归，失去盗性。如果已经全场起盗，则应果断搬离原场，将蜂群迁至有蜜源的地方分散隐蔽排列，盗蜂自然消失。

第六节 飞逃的预防与处理

一、引起中蜂飞逃的原因

（1）缺蜜

中蜂不同于西蜂，为了生存，缺蜜时易飞逃。中蜂缺蜜飞逃的过程：巢内储蜜不足，外面长期无蜜可采，蜂群产生弃巢意念，蜂王停产，幼蜂全部出房后，将最后一点蜜吃尽便弃巢而去，在新的地方安家落户。

（2）敌害干扰

引起飞逃的主要敌害有3种：巢虫、胡蜂和糖蛾。巢虫产生慢性侵害，使蜂群逐步衰弱至无法生存而飞逃；胡蜂对蜜蜂生存的影响很大，几只胡蜂进入箱内，中蜂还抵挡得住，多了则蜜蜂抵御不了，只有飞逃；糖蛾虽不直接伤害蜜蜂，但强劲的振翅会把蜜蜂撺得东逃西散，储蜜被吃尽，蜂群被迫飞逃。

（3）环境不适

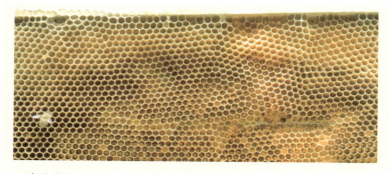

外界蜜粉源变化；蜂箱震动；蜂巢多代育子，使巢脾房壁增厚、变硬，中蜂欲咬去再造新脾，但力不从心，半途而废，难以再接造新脾，造成断子而飞逃；蜂箱长时间被日晒，蜂群难以调节巢温，育子生存不适而飞逃。

（4）分蜂

分蜂引起的飞逃发生于自然分蜂期。

👉 二、蜂群飞逃时的处理 👈

逃群刚发生，但蜂王未出巢时，立即关闭巢门，从纱副盖向蜂群内喷水使其安静，待晚上检查和处理。

当蜂王已离巢时，用水或沙子强迫结团后，按收捕分蜂团的方法收捕。

捕获的逃群另箱异位安置，调入卵、幼虫和蜜脾后尽量不打扰蜂群。

当出现集体逃群的"乱蜂团"时，初期向关在巢内的逃群和巢外蜂团喷水，促其安定。准备若干个蜂箱，蜂箱中放入蜜脾和幼虫脾。将蜂团中的中蜂放入若干个蜂箱，并在蜂箱中喷洒香水等来混合群味，以阻止中蜂继续斗杀。在收捕蜂团的过程中，在蜂团下方的地面寻找蜂王或围王的小蜂团，解救被围蜂王。用囚王笼将蜂王扣在群内蜜脾上，待蜂王被接受后再释放。

收捕的飞逃群最好移至2~3千米以外处安置。

三、蜂群飞逃的预防

（1）饲料充足

　　平常要保持蜂群内有充足的饲料，缺蜜时应及时调蜜脾补充或进行饲喂补充。平常管理时打开蜂箱并抽取有蜂附着的最边上的巢脾，此巢脾无蜜就应及时补喂。如果到了没有幼虫，只有少量封盖子时才喂，就恰好促成蜂群逃跑，喂后蜂群马上飞逃。如果发现无幼虫，不能急于补喂，应先从别群抽取幼虫脾放入该群后才可饲喂；没有幼虫脾可在巢门安装隔王片，饲喂后即使工蜂逃出，蜂王也不能逃出，强迫工蜂返回巢内继续工作。

（2）调子脾

　　当蜂群内出现异常断子和新收捕的蜂群，应及时调子脾补充。

（3）蜂脾相称

平常保持群内蜂脾相称，使蜂群密集。

（4）无病敌害

注意防治中蜂病敌害。

（5）蜂箱无异味

采用无异味的木材制作蜂箱，新蜂箱用淘米水洗刷后使用。

（6）减少干扰

蜂箱摆放的场所应僻静、遮阴，蟾蜍和蚂蚁无法侵扰。填补蜂箱其他地方的孔洞，以及缩小巢门预防糖蛾和胡蜂等侵害。尽量减少人为惊扰蜂群，给蜂群一个安静的环境。

（7）加装隔王栅片

易飞逃季节给蜂群的蜂王剪翅或巢门加装隔王栅片。

第七节 维持适当的蜂脾关系

　　蜂脾关系是指蜂群中巢脾数量与蜜蜂数量的比例。当巢脾上单层布满蜜蜂时，其蜂脾比例为1∶1。在科学饲养中，常常要根据蜜蜂繁殖、采蜜等的要求和气候情况采用适当的蜂脾比例，只有正确、及时、科学地维持了蜂脾关系，才能调动蜂群的积极性，克服不利的消极因素，这是蜂产品高产的关键之一，也是蜂群生产管理的重要内容。

一、繁殖期的蜂脾关系

早期，蜜蜂多于巢脾。

中期，蜂脾相称或蜜蜂略多于巢脾。

二、流蜜期的蜂脾关系

流蜜前和流蜜初期，巢脾略多于蜜蜂。

流蜜期，巢脾略多于蜜蜂或蜂脾相称。

流蜜后期，蜜蜂多于巢脾。

第八节　蜂群的合并

蜂群的合并就是把两群或多群蜜蜂合并组成一个蜂群。强壮蜂群是获得蜂产品高产的基础，而且管理方便。弱群不但没有生产能力，还容易发生盗蜂或发生病敌害。所以，群势过弱、没有生存和生产能力的蜂群、丧失了蜂王或蜂王伤残又没有储备蜂王可以更换的蜂群，都需要及时合并。

一、蜂群合并的障碍

每个蜂群都有其特殊的气味，称为群味。群味是由蜂群的各个成员（蜂王、工蜂、雄蜂）的信息素和各种成分（巢脾、蜂蜜、花粉）等的气味混合形成的。蜜蜂具有灵敏的嗅觉，能够辨别本群的成员和其他群的成员。如果随意把不同群的蜜蜂合并，就会引起互相斗杀。

二、蜂群合并的方法

（1）直接合并法　直接合并法适合于大流蜜期蜂群的合并。

将其中一群逐渐移至另一群的一侧，中间间隔一定距离，用保温板暂时隔开，但工蜂可以相互往来。过一个晚上，两群的气味混合后，抽出保温板，将两群的巢脾靠拢即可。也可将蜜水、酒或香水洒入箱内，让两群气味混合，再行合并，较为安全。

（2）间接合并法　间接合并法适用于非流蜜期的蜂群，或者失王过久的蜂群，或者巢内老蜂多而子脾少的蜂群合并。合并时，先在一个蜂群的巢箱上加一个铁纱副盖和一个继箱，然后把另一群的蜂王去掉，连蜂带脾提到继箱内，盖好箱盖，一两天后，拿去铁纱副盖，将继箱上的巢脾提入箱内，撤去继箱即可。

三、蜂群合并的原则 👉

　　弱群并入强群；无王群并入有王群；劣王群并入优王群。若两群都有蜂王，必须先将准备并入的蜂群的蜂王捉走，蜂群产生失王情绪后再行合并。合并蜂群应在傍晚进行，合并前应将两群逐渐移至相靠近的位置。失王群应先将急造王台除去之后才能进行合并。失王过久且工蜂已产卵的蜂群，合并前要将产卵工蜂去除。如果被并群的群势较强，可以把它分成 2 ~ 3 份，分别合并到其他蜂群。合并时可先用蜂王诱入器将蜂王保护起来，合并成功后再放出。

第九节　工蜂产卵的处理

　　蜂群长期失王之后，会出现工蜂产卵现象。工蜂由于生殖器官发育不完全，未与雄蜂交配，所产的卵全为未受精卵，如不及时处理，全都发育成为雄蜂，这群蜂也就自然消亡。中蜂最容易产生工蜂产卵，应特别注意，及时给失王群诱入蜂王或成熟王台，如果时间过久，就很难诱入蜂王。

工蜂产卵很不规则，常一个巢房内产几粒卵，不都产在房底正中，有的产在房壁上。

　　工蜂产卵的蜂群，应立即把工蜂所产的卵、巢脾从群内提出，让工蜂暂栖于覆布下的几个空框上，并使巢内无蜜、无粉，用饥饿法促使工蜂卵巢萎缩，使其失去产卵机能。第2天选一个优质蜂王，囚入笼内挂于蜂团中，使工蜂得到"蜂王激素"，稳定蜂群的情绪，同时用框式饲喂器喂少量糖水。第4天观察，若没有围王现象，可调入一张有蜜、粉、幼虫和蛹的脾，使蜂群外出采集。第5天调入供蜂王产卵的巢脾，同时放蜂王，较短时间内蜂群能够迅速壮大。如果失王过久，诱入蜂王困难，可将蜂群拆散，搬去蜂箱，分别合并到其他的蜂群里去；或者把工蜂抖散在蜂场内，任其自行选择新的群体；还可以采取提走产卵工蜂群的巢脾于50米外，置于日光下晒或轻抖蜂脾，不产卵的工蜂留恋原巢，大部分返回巢内，而产卵工蜂却死守巢脾，不肯离开，一两天后将它们抖落到地上，任其消亡。

第十节　中蜂人工育王与换王技术

　　蜂王的质量决定了蜂群的生产能力。人工育王是在严格选择种群的基础上，利用工蜂与蜂王的卵同源于受精卵的生物学特点，改善其环境和营养条件，让蜜蜂培育出成批的蜂王，以达到生产的目的。

 一、育王的时间

各地气候复杂，蜜源条件各有差异，因此，育王时间难以统一，大致为第一个蜜源（油菜）和秋季蜜源（盐肤木）花期尾期，培育春王和秋王，以秋王为主，其他花期也可培育一定数量的蜂王，随时更换老劣蜂王。

二、育王的条件

蜂场里拥有可作为父本和母本的优良蜂群，蜜源比较丰富，气温稳定在20℃以上。交尾期要避开雨季。同时，有强健的哺育群和大量性成熟的（10～30日龄）种用雄蜂。

三、育王前的准备工作

1. 育王用具

（1）育王框

育王框由无异味且不变形的木质材料制成。框架上梁厚度约为25毫米，宽为15毫米，另三边为15毫米×15毫米，台基条厚度为10毫米，宽为15毫米，台基条间距40毫米，第一台基条与框梁相距25～30毫米。

（2）蜡碗棒

蜡碗棒选用无怪味且木质细密的木料制成。顶端必须打磨成十分光滑的半圆形，半圆的直径为7~8毫米，端部10毫米处的圆柱直径为10毫米左右。

（3）移虫针

移虫针多用牛角材质或羊角材质两种制成，端部为宽1~1.5毫米、厚约0.1毫米的富有弹性的舌装薄片，下舌起虫，上舌推浆。

2. 父群、母群的选择

育王的种用群要选择有效产卵力高、采集力强、分蜂性弱、抗逆性和抗病力强及体色比较一致的蜂群。当看见有种用雄蜂时，就可以开始移虫育王。

3. 哺育群的组织

哺育群的群势要强，最好是起分蜂热的蜂群，群内幼蜂应占全群的30%以上，并且有幼虫脾。育王框应放在育王区中央，紧靠育王框的两侧，其中一侧放以大幼虫为主的虫卵脾；另一侧放一张大封盖子脾。这样既可起到保温作用，又可保证哺育蜂集中吐浆饲喂蜂王幼虫。

四、人工育王的具体操作方法

（1）蘸制蜡碗

选用纯蜂蜡（由赘脾或蜜房熔化而得）放入瓷杯中，加入少量水，放在火炉或沸水中加热后，置于75℃的热水中以稳定温度。然后，将事先浸泡在冷水中的蜡碗棒取出，浸入蜡液9～10毫米，立即提起。蜡碗棒上的蜡液凝固后再浸入，反复2～4次，动作要轻快，在蜡液中不能停留过长，这样就蘸制成"底厚边薄"的优良蜡碗，然后用手旋动棒端的蜡碗，使其脱离蜡碗棒，就形成一个个大小一致的蜡碗。

（2）粘装蜡碗

先将剪成三角形的薄铁片或硬纸片在蜡液中浸泡一下后取出，待其冷却后，用毛笔蘸上蜡液粘在育王框的台基条上，再用25瓦的电烙铁或烧烫的烙铁烫一下，立即将蜡碗放上，蜡碗就粘住了，每个台基条粘8～12个即可。

粘装好蜡碗的育王框立即插入育王群内，让工蜂清理，过3～4小时，待工蜂清理每个蜡碗口微显收口时，便可取出移虫。

（3）**种用幼虫脾的准备**　在移虫育王工作中，幼虫的准备工作是育王的关键环节，不但要保证幼虫的质量，移虫时间也应计划周密。

在移虫前 8～12 天，将母群的蜂王用框式隔王板或框式蜂王幽闭器控制在育王区中部。在蜂王控制区放 3 张巢脾：蜜脾、虫脾和粉脾。做到控制区内没有空巢房。第 8 天后抽出子脾，插入 1 张浅棕色的优质空巢脾，让蜂王集中产卵在这 1 张空巢脾上，记下第 1天产卵圈的面积，第 4 天就可以抽脾移虫育王，这样幼虫为刚孵化 1天的幼虫，培育的蜂王质量较好。

（4）**移虫育王**　移虫工作应在气温达到 20℃以上，相对湿度达到 75% 的室内进行。首先从育王群内取出育王框和幼虫脾，立即着手移虫。

从幼虫背部方向轻轻挑起幼虫。

把幼虫安放在台基底部正中间的位置。

移虫后，应给哺育群饲喂蜜水和花粉。第2天应尽快检查移虫的接受率，如果达50%以上，不必再补移。5天之内不再开箱检查。移虫后第10天，要把成熟的王台去劣留优，移到交尾群中去。在整个移虫、育王的过程中切记震动，否则会损害幼虫的正常发育。

⚠️ 【注意】 幼虫移入台基时，不可让幼虫翻转，也不可把蜂王浆覆盖在幼虫身上。为了提高接受率和使蜂王幼虫营养丰富，发育更好，可采取复式移虫的方法，第1次移虫后24小时提出育王框，首先用镊子将头天移入的幼虫从台基内夹出，再移入1日龄的幼虫，动作越快则效果越好。

第十一节 蜂群的人工分蜂

人工分蜂就是人为地将一群蜂分为两群或多群，以增加蜂群的数量，扩大蜂场的生产能力。人工分蜂的方法有均等分群法、非均等分群法及一群分出多群法3种形式。

👉 一、均等分群法 👉

把一群蜂的蜜蜂和子脾（蛹、幼虫和卵）分为大致相等的两群。

其中一群的蜂王为原来的老王，另一群的蜂王是分蜂后诱入的新产卵王或王台。

把蜂群向左（或右）挪开一个箱位，然后在原群的右侧（或左侧）摆放一个干净的空蜂箱，把原群里的子脾、蜜脾、粉脾连同蜜蜂提出一半放到空蜂箱里去，蜂王留在原群或提到新箱里均可，随即给无王群做个标记。经过1天后，无王群出现失王情绪后，便可诱入一只优质产卵的新蜂王或王台。原群分为两群后，由于工蜂回来时在原箱位找不到蜂箱，就会随机进入左右两个蜂箱。如果发现工蜂偏集在某一群内，可把该箱再移开一些，把另一箱向原群位置靠近一些，尽可能让两群蜂的工蜂数量相等。

👉 二、非均等分群法 👈

把一群分为不相等的两群，其中一群仍保持强群，另一群为小群，将老王留在强群内，给小群诱入一只产卵王，也可诱入一个成熟王台或一只处女王。

从一个强群里提出2~3张老封盖子脾和蜜脾、粉脾，并带有以青年蜂和幼年蜂为主的2~3框蜜蜂，放入一个空箱内，组成一个无王的小群，搬到离原群较远的地方，缩小巢门，经过1天，诱入一只优质产卵王或成熟王台或处女王即可。分出后第2天应进行一次检查，如果发现因老蜂飞回原群而蜂量不足，可从原群抽调部分幼蜂补充。

三、一群分出多群法

为了育王的需要，将一个强群分为若干个小群，每个群 2～3 张脾，有 1 张蜜粉脾和 1～2 张子脾。老王的原群留在原址，其他小群诱入一只处女王或成熟王台，待处女王交尾成功后，就成为独立的蜂群。如果蜂王交尾产卵后，需要提出诱入其他群内，还可继续补蜂，再引入一个王台。如果不需继续育王，可合并于他群之中。

第十二节 蜂王或王台的诱入

在组织新蜂群、更换老劣蜂王、蜂群因某些原因失王后需补入蜂王、组织交尾群、人工授精或引进良种蜂王时，都必须向蜂群中诱入优良蜂王和王台。如果处理不当，往往会发生工蜂围杀蜂王的现象。

一、蜂王的诱入

诱入蜂王有直接诱入法和间接诱入法。

（1）直接诱入法 外界大流蜜时，无王群对外来产卵王容易接受，可直接诱入蜂群。

傍晚，给蜂王身上喷上少量蜜水，轻轻放在巢脾的蜂路间，让其自行爬上巢脾；或者将交尾群内已交配、产卵的蜂王，用直接合并蜂群的方法，连脾带蜂和蜂王直接合并入失王群内。诱入后观察，如果工蜂不拉扯、撕咬蜂王，就表明诱入成功；如果工蜂围杀蜂王，应立即解救，改用间接诱入法。

（2）间接诱入法

间接诱入法就是将诱入的蜂王暂时关进诱入器内，扣在巢脾上，经过一段时间蜂王被群内工蜂接受后再放出来，这种方法比较安全。诱入器一般用铁纱网做成，应安放在巢脾有蜜处，以免蜂王受饿。

二、王台的诱入

人工分蜂、组织交尾群或失王群都可诱入成熟台。成熟台即人工育王移虫后第 10 天即将出房的王台。

诱入前，必须将蜂王捉走 1 天以上，使蜂群产生失王情绪后，再将成熟王台割下，用手指轻轻地压入巢脾的蜜、粉圈与子圈交界处，王台的尖端应保持朝下的垂直状态，紧贴巢脾。诱入后，如果工蜂接受，就会加以加固和保护。第 2 天，处女王从王台出房，经过交配，产卵成功后，才算完成。

三、注意事项

1）更换老劣蜂王，要提前 1～2 天将淘汰王从群内捉走，再诱入新王。

2）无王群诱入蜂王前，要将巢内的急造王台全部毁除。

3）强群诱入蜂王时，要先把蜂群迁离原址，使部分老蜂从巢中分离出去后再诱入蜂王，这样较为安全。

4）缺乏蜜源时诱入蜂王，应提前 2～3 天用蜂蜜或糖浆喂蜂群。

5）蜂王诱入后，不要频繁开箱，以免蜂王受惊而被围。

6）如果蜂王受围，应立即解救。

四、被围蜂王的解救技术

围王是指在异常情况下，蜂王被工蜂所包围，形成一个小的蜂团，并伴以撕咬蜂王的现象。如果解救不及时，蜂王就会受伤致残，甚至死亡。

围王现象在合并蜂群、诱入蜂王、蜂王交配后错投他群或发生盗蜂时经常发生，主要是由于蜂王散发的"蜂王物质"的气味与原群不同，工蜂不接受所引起的。

解救时向围王工蜂喷水、喷烟或将蜂团投入温水中，使工蜂散开，救出蜂王。切不可用手或用棍去拨开蜂团，这样工蜂越围越紧，很快把蜂王咬死。

救出的蜂王要仔细检查，肢体完好且行动仍很矫健者，可放入蜂王诱入器，扣在蜂脾上，待完全被工蜂接受后再放出；肢体已经伤残者，应立即淘汰。

第十三节　转地放蜂的管理

转地放蜂，就是将蜂群从一个地方运往另一个地方进行繁殖、采蜜和授粉。中蜂一般进行短途小转地饲养。

一、转地前的准备

（1）掌握转运目的地的情况　应详细了解转运目的地的蜜源、气候条件、放蜂密度和施用农药等情况。

（2）固定巢脾　固定巢脾的方法多种多样，有上卡子、钉钉子、上压条等。

上卡子一

上卡子二

上压条一

上压条二

上压条三

上压条四

上压条五

上压条六

调整蜂群，固定好巢脾，每个巢脾的两面都需要留有蜂路，启开纱窗，关闭巢门。

二、转地途中的管理

中蜂一般进行短途小转地，运蜂应选择晚上走且第 2 天天亮前到达目的地。装车时，巢脾与运行方向一致，注意通风以防蜂群闷热而死，遇颠簸的路则开车应尽量慢，防止蜂群离脾和巢脾损毁。路途遥远，当晚到不了时，要对蜂群通风、遮阴，途中停留不宜超过 1 小时。

三、转入新场地后蜂群的管理

到达新场地后应立即卸车，2～3 群为一组，分散摆开且巢门方向错开，蜂群安定后，及时松卡和整理蜂群。放置好蜂箱，关闭纱窗，然后间隔和分批打开巢门。若打开巢门后出现飞逃的蜂群，则应重新关闭巢门，待晚上再开启巢门。待蜂群安定后，立即松卡，抽出多余的空框和空脾。检查蜂群，如果发现坠脾和失王，则应及时处理。

第七章

中蜂不同时期的饲养管理技术

第一节　春季繁殖期的饲养管理技术

一、早春繁殖的时间

　　不同地区蜂群的春季繁殖开始时间各不相同，一般在立春节气前后便可开始，最佳时期是在气温稳定后有新鲜花粉进巢时。只有抓住时机，保证蜂群越冬后能尽快恢复发展，迅速培养成为强群，才有利于充分利用蜜源。

二、春季繁殖的条件

　　蜂群中有产卵力强盛的蜂王；适当的群势；充足的粉、蜜饲料；数量足够的供蜂王产卵的巢脾；良好的保温和防湿条件；无病、敌害等。

三、春季繁殖蜂群的管理要点

1. 观察出巢蜜蜂

　　蜜蜂肚子膨大、肿胀，爬在巢门前排粪，甚至蜂箱内壁和箱底都有粪便，表明越冬饲料不好，要及时更换优质饲料。

　　有的蜂群出箱迟缓，飞翔蜂少，而且飞得无精打采，表明群势弱，蜂数较少，要及时合并蜂群。

　　个别群出现工蜂在巢门前乱爬，秩序混乱，体色偏黑，说明已经失王。

2. 全面快速地检查蜂群

观察巢内潮湿与否及病敌害的情况。

观察饲料的储存量，并做出"多""少""够""缺"等符号。

观察蜂量、巢脾数及巢脾的新旧程度。

观察蜂王的情况。

3. 清洁蜂箱

晴天，快速更换消毒过的蜂箱，让蜂群在清洁的环境中进入繁殖期。此项工作动作要快，可与其后面的紧脾同时进行。

4. 紧脾

应保证蜂多于脾或蜂脾相称，把旧的、破烂的巢脾抽出来，保留较新的、完整的巢脾。

5. 合并弱群

弱群很难维持稳定的蜂巢温度，不利于繁殖，开始繁殖前要进行合并。

6. 加强保温

早春繁殖期间，保温工作十分重要，主要是箱外和箱内的保温，群势较强者可只进行箱外保温。中蜂由于排列分散，箱距较大，故其保温包装方法与西蜂不相同。

（1）箱外保温

可在箱底铺一层塑料布，然后铺10厘米厚的稻草等保温物，将蜂箱排放在稻草上，蜂箱的箱底、上面、两侧及后面都用稻草等保温物盖上。

（2）箱内保温

在两侧隔板外加一些扎紧的小稻草把，但巢内必须留有一定的空间作为巢内过热时蜜蜂的栖息空间，纱盖上加盖小草帘或棉垫。

随着蜂群的壮大，气温逐渐升高，慎重稳妥地逐渐撤除包装和保温物。

7. 适当饲喂，促蜂王产卵

当气温稳定且蜂王开始产卵时，用稀糖浆（糖和水比为1:2）在傍晚喂蜂，刺激蜂王产卵。喂入的量应以当晚吃完为准；遇到寒潮或雨雪天，有饲料的不要饲喂。当蜂群内无花粉时或进粉少时，要饲喂花粉。注：图为花粉和糖水混合配制的花粉团。

8. 适时加巢脾

当气温正常、蜜源初花、蜂多于脾、蜂王健产、子脾在七成以上、温度不断上升、饲料充足的条件下，适时加巢脾。早春添加的繁殖用的巢脾，最好是育过虫的暗色巢脾，这样有利于保温。

9. 以强补弱

　　为了使大多数蜂群在流蜜期达到生产群，可从强群中抽部分老封盖子脾补入弱群，使弱群转弱为强，同时又抑制了强群分蜂热的产生。

10. 育王换王

　　替换一批产卵力下降的蜂王。

第二节　流蜜期的饲养管理技术

　　流蜜期是养蜂生产的黄金季节，如何利用蜜蜂在短时间的蜜源植物开花期大量采集和储存食物的生物学特性，组织强大的群势，投入采集，是养蜂生产成败的关键。

一、流蜜期前的管理

1. 培育采集蜂

　　一般来说，12 日龄以上的工蜂才外出采集花蜜和花粉。因此，在大流蜜前 40～45 天，就应该着手培育采集蜂。管理上应采取有利于蜂王产卵和提高蜂群哺育率的措施，如调整蜂脾关系、适时扩大蜂巢、奖励饲喂及防病等。如果蜂群基础较差，应组织双群同箱，提高蜂群的发展速度。

2. 预防分蜂热

随着蜂群的壮大及蜜源植物初花期的来临，蜂群易产生分蜂热。因此，要及时对全场蜂群进行全面检查，将群势较强、有雄蜂蛹的蜂群的老熟封盖子脾给弱群，既减少了强群的分蜂热，又增强了弱群的群势，让更多的蜂群投入到生产中去。

3. 解决好繁殖与采蜜之间的矛盾

在流蜜期里，如果采蜜群内的幼虫太多，大量的哺育工作会降低蜂群采集和酿蜜的力量，从而降低产量。因此，应在流蜜期前6～7天开始限制蜂王产卵，保证蜂群进入流蜜期后哺育工作减少，集中力量投入采集和酿蜜工作中；流蜜期结束之前，应恢复蜂王产卵，以免群势下降。限制蜂王产卵的主要方法是用框式隔王板将蜂王控制在巢箱内的1个小区内（内放封盖子脾和蜜、粉脾），流蜜期结束前撤去隔王板即可。

4. 多造脾和造好脾

流蜜期前，蜂群里积累了大量的幼蜂，泌蜡能力强，是造脾的大好时机。因此，应及时加巢础框，多造脾，造好脾，供流蜜期储蜜之用，也可预防分蜂热。

二、流蜜期的管理

在主要流蜜期里，蜂群管理的原则是给蜂群创造最好的生产活动条件，提高其采集能力和酿蜜强度，夺取蜂产品的高产。

1. 扩大蜂巢

在主要流蜜期扩大蜂巢，就是给蜂群增加储蜜空间，保证蜂群能及时酿蜜和储蜜，这是高产的关键措施。因此，在流蜜期每1~2天应在巢门位置加空巢脾1张。加脾时，1张子脾与1张空脾间隔放置，效果最好。

2. 加强通风

酿造1千克蜂蜜，要蒸发2千克水。因此，为了尽快把蜂箱内的水分排出去，应扩大巢门，揭去覆布，只盖纱盖，打开通风窗，放开蜂路。同时，应注意遮阴防晒。

3. 适时取蜜

当蜜脾上的蜂蜜75%封盖时，即可取蜜。取蜜时间最好安排在清早天亮以前。取蜜要慎重，前期和大流蜜期，可以每7天左右取一次，并全部取出蜂群内的蜜，后期应抽取，就是取蜜时要留部分蜜脾，保证蜜蜂生活的需要。雨季天气变化大，也应该抽取。

三、流蜜后期的饲养管理技术

1. 抽出多余的巢脾

流蜜后期，蜂群收团，要及时缩巢，抽出多余的巢脾，减少脾间的蜂路等，与蜂群的生活相适应。

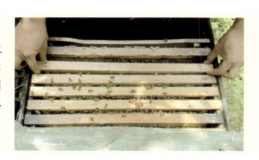

2. 培育幼蜂

大流蜜期，由于蜜压子，繁殖区较小，加之采集蜂的劳累，如不积极培育幼蜂，蜂群的后期群势会严重下降。

3. 留足饲料

流蜜后期，应根据气候及流蜜情况，留足蜜蜂生活需要的蜜脾。如果后期遇雨季缺饲料，应为蜂群及时补饲。

第三节 越夏期的饲养管理技术

夏季气温高、蜜源缺乏、病敌害多，是蜂群生活最困难的时期，如果管理不当，会产生"秋衰"现象，影响秋季蜂蜜的生产和第二年的蜂群发展。降温是中蜂夏季管理的重点，如果有条件，应利用山区的立体气候的特点，将蜂群转到高海拔凉爽的地方度夏。

一、越夏前的准备工作

夏季来临前，应利用春季蜜源培育新王、换王，留足饲料，并保持在 3～5 框的群势，如果群势太强，则消耗过大，不利于越夏。

二、越夏期的管理要点

夏天管理蜂群应少开箱检查，如需开箱，应安排在上午 10：00以前，预防盗蜂的发生。

保证群内有充足的饲料。

场地选择在树荫之下，注意遮阴和喂水。

防止农药中毒和有毒蜜源。

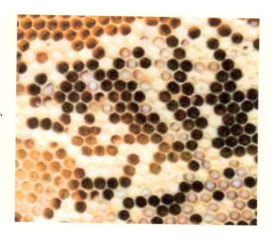

防范胡蜂、巢虫、
蜻蜓、蟾蜍等敌害。

为了降低群内温度，应注意加强蜂群通风，可去掉覆布、打开气窗、放大巢门、扩大蜂路，应做到巢脾略多于蜂。

第四节　秋季的饲养管理技术

　　"一年之计在于秋"是养蜂业的一大特点。因此，秋季的蜂群管理至关重要，直接影响着第二年蜂群的发展和蜂产品的质量。山区的秋季有盐肤木、刺老苞、玄参等几个蜜源，除应生产较好的蜂蜜之外，还应利用一年中最后一个花期培育适龄越冬蜂，做到强群越冬；更换老劣蜂王；喂足越冬饲料；预防盗蜂的发生；做好避风、保温、通风、防潮等工作。

👉 一、抓 生 产 👉

秋季是中蜂生产优质蜂蜜的关健时期，应根据当地的蜜源时间，提前繁殖好采集蜂、控制好分蜂热。

👉 二、育王、换王 👉

秋季盐肤木、刺老苞、玄参开花流蜜，蜜、粉均丰富，培育出的蜂王质量好。因此，应抓住这一时机，培育一批优质蜂王，换去老劣蜂王，以秋王越冬。秋王的产卵力强，有利于早春繁殖及蜂群加快繁殖速度。

👉 三、培育好适龄越冬蜂 👉

根据当地的蜜源和气候，培育足够数量的没有参加过采集和哺育的适龄越冬蜂。

四、调整蜂巢

在组织蜂群培育越冬适龄蜂时，要求蜂群群势达到 6 张脾左右，不符合要求的蜂群要进行合并。

五、冻蜂停产

香薷花期尾期和柃木花期，气温下降，蜂王的产卵量下降，应利用寒潮扩大蜂路，撤去保温物，让蜂王停产。

六、喂足越冬饲料

越冬饲料的质量和数量直接影响蜂群的安全过冬。尤其是香薷和柃木流蜜属于灾年的年份，巢内储蜜很少，因此，越冬包装之前，应采用灌脾的方法，将优质蜂蜜或浓糖浆（糖与水之比为 1∶1）灌在巢脾上，供蜜蜂越冬消耗。劣质蜂蜜或糖浆切勿喂入，否则蜜蜂因下痢而提前死亡。

将备好的白糖按 1 千克白糖加 0.7 千克水的比例用文火化开，并晾凉。天黑以后，当蜜蜂全部进巢不飞行时，将糖浆注入饲喂器，强群可直接加满，弱群可加 2/3。第 2 天检查蜂群，观察饲料的使用情况，如果基本吃完，可继续饲喂；如果大部分饲料没吃完，要在天亮前及时拆除，并在第2天再饲喂时减少饲喂量。饲喂前，要将蜂箱缝隙堵严，缩小巢门，以防盗蜂。饲喂过程中要连续大量饲喂，不能让蜂王有产卵的机会。连续喂3~4次，视情况可停1~2天，然后再连续饲喂。当蜂群中的巢脾大部分装满糖浆时，即可停止饲喂。

第五节　越冬期的饲养管理技术

　　冬季白天气温低于10~12℃时，蜜蜂就停止飞翔。弱群在外界气温在12℃时开始结成蜂团，强群大约在7℃时才结成蜂团。

　　越冬蜂的管理概括起来就是"蜂强蜜足，加强保温，向阳背风，空气流通"，也可以说是蜂群安全越冬的基本条件。

☞　一、越冬前的准备　☞

　　蜂群进入越冬期，首先应做好下列准备工作：

1. 调整蜂群

　　应对全部蜂群进行1次全面检查，根据检查情况，进行蜂群调整。如果蜂群太弱，原则上进行合并，也可将巢箱中央加上死隔板，分隔成两室，每室放1个弱群进行双群同箱饲养。

2. 彻底断子

　　由于南方许多地方冬季白天气温也能达到10℃以上（寒潮例外），外界也有零星蜜源，因此，蜂王仍产少量的卵，可用囚王笼将蜂王囚于笼中一定时间，让其彻底断子。

3. 补足饲料

蜂群只有靠充足优质的饲料才能安全越冬。当培育越冬蜂阶段基本结束时，天气变冷，此时应检查蜂群内的饲料情况。如果蜂蜜不足，则应进行补喂；如果巢内所存蜂蜜不适合作为越冬饲料，则必须将蜜脾提出，留作明年春季繁殖用。

二、越冬保温工作

越冬蜂群应放在背阴地，加强通风降温，促使蜂群早结团。越冬前期，气候不稳定，群内可不必保温，仅在副盖上加盖草帘即可，气温降低后，再做内保温。我国南方等地冬季气温较高，蜂群越冬仅做简单保温即可。但遇到大幅度降温天气（0℃以下），应对弱群加保温物。

1. 箱内保温

将紧缩后的巢脾放在蜂巢中央，两侧夹以保温板。两侧隔板之外，用稻草扎成小把或泡沫塑料填满空间。框梁上盖好覆布，盖上副盖，副盖上加草帘或棉絮，缩小巢门即可。

2. 箱外包装越冬

箱外包装分单群包装和联合包装两种。

（1）单群包装

做好箱内保温后，在箱盖上面纵向先用一块草帘把前后壁围起，横向再用一块草帘沿两侧壁包到箱底，留出巢门，然后加塑料薄膜包扎以防雨和雪。

（2）联合包装

先在地上铺好砖头或石块，垫上一层较厚的稻草，然后再将带蜂的经过内保温的蜂箱排在稻草上面，2~4群为一组，各箱间隙也填上稻草，前后左右都用草帘围起来。缩小巢门，然后用塑料薄膜遮盖以防雨和雪。

☞ 三、越冬管理 ☞

做好保温工作之后，越冬期千万不要经常开箱检查，以箱外观察为主。此外应注意以下几点：

1）不缺越冬饲料不要饲喂。对于缺饲料的蜂群，最好补蜜脾。

2）加强通风。若发现部分工蜂出巢扇风，说明巢内闷热，应加大巢门，或者短时间撤去箱盖上的保温物，加强通风，还应防止鼠害。

3）若在箱底和巢门外发现大批死蜂，其舌头伸到外面，未死的也行动无力，说明缺蜜饥饿，要立即用温蜜水喷到蜜蜂身上，饿僵在2天以内的还可救活，救活之后，要补给温暖的蜜脾。

第八章
中蜂主要病敌害的防治

中蜂的病敌害比较少，而且大多数可以通过改进饲养方法而预防，因此，对中蜂的病敌害以防为本，治疗为末。

第一节　中蜂囊状幼虫病

一、病原及症状

中蜂囊状幼虫病由中蜂囊状幼虫病病毒引起，死虫呈"尖头状"，故又称"尖头病"。

中蜂囊状幼虫病主要感染 2～3 日龄的小幼虫，幼虫感病后 5～6 天死亡，约 30% 死于封盖前，70% 死于封盖后，发病初期出现"花子"，接着即可在脾面上出现"尖头"。

"尖头"抽出后可见不甚明显的囊状。

133

体色由珍珠白变黄，继而变成褐色、黑褐色。

封盖的病虫房盖下陷、穿孔。

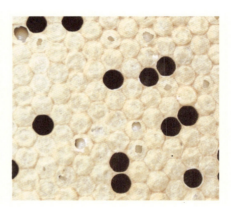

虫尸干后不翘，无臭味，无黏性，呈干片状，易清除。

二、预 防

1. 严格消毒

在蜂场及四周用5%漂白粉液或用10%～20%石灰乳定期喷洒，保持蜂场清洁；蜂尸及其他脏物清扫后要烧毁或深埋；定期对蜂箱、蜂机具进行严格消毒处理。

2. 加强饲养管理

（1）密集群势，加强保温

中蜂喜密集，一年四季都应该保持蜂多于脾，尤其是在春秋两季，并采取适当的措施给蜂群保温。若保温不当，常会引起蜂群抵抗力下降，发病的概率大增。对于脾多于蜂的蜂群，提出空脾使蜂多于脾，在箱内填充保温物，或者在箱外加盖草帘等保温，但不能保温过度，以防引起蜜蜂伤热。

（2）保证饲料充足 蜜粉充足的蜂群不易发病，在群内缺少粉蜜时可用优质白砂糖加水（1∶1）文火化开对蜂群进行补助饲喂。春

季繁殖期和秋季繁殖期，蛋白质饲料不可缺少，可用经消毒后的花粉、糖水做成花粉饼放在框梁上供蜜蜂采食。

（3）避开病原，严防盗蜂 选择场地时，尽量不去或远离发病高的地区，以免受到外场蜂群的感染。在外界蜜粉源缺少时，严防盗蜂，减少群间、场间的互相传染。

（4）加强换王，适时断子 针对中蜂囊状幼虫病只对 2～3 日龄的幼虫感染的情况，可采取断子措施，并在断子期（一般为 10 天）结合药物来进行预防。断子可采用囚王或诱入成熟王台的办法。采用囚王的办法时，用囚王笼将蜂王囚禁起来停卵 10 天（由于中蜂特殊的生物学特性，不宜长时间囚禁）。在断子 10 天左右，蜂王开始产卵的时候，可将药物拌入糖浆中对蜂群进行饲喂。

☞ 三、治 疗 ☞

由于目前对中蜂囊状幼虫病还没有特效药物，后面这些药物有一定的预防和治疗效果，因此，在使用药物时要交叉使用不同的药物，防止病害产生抗药性。

1）华千斤藤（海南金不换）干块根，8～10 克，加适量水煎汤，拌入 1:1 的糖浆中，可用于 10～15 框蜂的治疗。连续或隔日饲喂 1 次，4～5 次为 1 个疗程。

2）半枝莲干草 50 克，加适量水煎汤，可治 10～15 框蜂。拌入 1:1 糖浆中饲喂蜂群，连续或隔日饲喂 1 次，4～5 次为 1 个疗程。

3）贯众 50 克、金银花 50 克、甘草 10 克，加适量水煎汤，可治 10～15 框蜂。拌入 1:1 糖浆中饲喂蜂群，连续或隔日饲喂 1 次，4～5 次为 1 个疗程。

4）半枝莲 5 克、虎杖 3 克、贯众 5 克、桂枝 2 克、甘草 3 克、蒲公英 3 克、野菊花 5 克、金银花 3 克，加适量水煎汤，可治 10～15 框蜂。拌入 1:1 糖浆中饲喂蜂群，连续或隔日饲喂 1 次，4～5 次为 1 个疗程。

5）五加皮 30 克、金银花 15 克、桂枝 9 克、甘草 6 克、加适量水煎汤，可治 40 框蜂。拌入 1:1 糖浆中饲喂蜂群，连续或隔日饲喂 1 次，4～5 次为 1 个疗程。

6）囊虫康复液1支（2毫升）加1∶1糖浆1500毫升，可治30～40框蜂。隔日用1次，3～5日为1个疗程。

7）特效囊立克5克拌入2.5升1∶1糖浆中，每群饲喂250毫升，3日用1次，连用6次为1个疗程。

第二节　欧洲幼虫腐臭病

欧洲幼虫腐臭病又叫烂子病，或称"黑幼虫病""纽约蜜蜂病"，是蜜蜂幼虫的一种恶性、细菌性传染病，其传播速度快，危害性大，一旦发病，巢内幼虫不断死亡，出房新蜂减少，群势下降，严重影响生产。

一、病原及症状

欧洲幼虫腐臭病由蜂房蜜蜂球菌及其他次生菌引起。该病菌主要感染1～2日龄的小幼虫，经2～3天潜伏期，幼虫多在3～4日龄未封盖时死亡。患病后，虫体变色，失去肥胖状态。从珍珠般白色变为浅黄色、黄色、浅褐色，直至黑褐色。刚变成褐色时，透过表皮清晰可见幼虫的气管系统。随着变色，幼虫塌陷、扭曲，最后在巢房底部腐烂、干枯，成为无黏性且易清除的鳞片。虫体腐烂时有难闻的酸臭味，不拉丝。若病害发生严重，巢脾上"花子"严重，蜂群越来越小。

👉 二、预 防 👈

饲养强群是预防此病害流行的重要环节，在蜂群繁殖季节，对弱小蜂群进行合并；及时更换老王，诱入新王，刺激工蜂清理巢房，减少感染幼虫病的概率，换王也是生产上的需要；早春及晚秋外界气温低时，加强保温，调整巢脾以使蜂多于脾，增强蜂群护脾及调节巢温的能力；留足饲料，特别是蛋白质饲料，增强蜜蜂体质，提高蜜蜂抵抗病害的能力；对蜂场可用 5% 漂白粉或 10%～20% 石灰水喷洒消毒，蜂场的蜂尸要及时掩埋，蜂箱和附件等清理干净后要暴晒或用 40% 福尔马林熏蒸消毒，有病的巢脾要淘汰或用 4% 福尔马林浸泡 12 小时，然后用摇蜜机摇出浸泡液，再用清水清洗，晾干备用。

👉 三、治 疗 👈

早期通常只有少数幼虫死亡，一般不易发现，在外界气候、蜜源好的条件下，通常无须治疗，多数蜂群可自愈。但在气温低、蜜源不好的情况下，欧洲幼虫腐臭病常会加重。由于病原对抗生素敏感，病群的病情用药物较易控制。需要注意的是，要合理用药，严防抗生素污染蜂蜜。

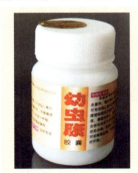

幼虫康一粒（0.125 克），将内容物均匀拌入 1 千克 1∶1 糖浆中，于傍晚喷喂 10 框巢脾。每天 1 次，5 天为 1 个疗程。

第三节　巢　虫

巢虫是蜡螟的幼虫，又叫"绵虫"，有大蜡螟和小蜡螟两种。巢虫为害轻则影响蜂群繁殖，重则造成蜂群飞逃。

一、症　状

　　巢虫幼虫以巢脾上的蜂蜡为食，为害蜂群封盖子，造成蜂群内"不成片"的"白头蛹"。

　　用镊子沿着"白头蛹"的路线掏，一般能找到巢虫的幼虫。

二、防　治

　　加强蜂群管理。饲养强群，保持蜂多于脾，随时保持巢脾上有充足的蜜，及时淘汰旧脾，可以有效地消除巢虫的生存空间。

　　定期清理箱底，保持箱内干净，捕杀成蛾与越冬虫蛹，清除卵块。

　　将蜂箱及空巢脾用5%石灰水或1%烧碱溶液浸泡30小时，然后洗清后晾干，可以消除隐藏在其中的越冬巢虫。

　　对于巢虫为害严重的蜂群，可用专杀巢虫的药物"巢虫净"消灭巢虫。预防：每瓶兑水2000毫升喷箱壁、覆布和箱盖；杀巢虫：每瓶兑水1600毫升斜着喷洒巢脾，尽量避开蜜蜂和蜂王，25～40天喷1次，每年喷3～5次。每瓶15毫升可用于500框蜂。

　　抽出来的巢脾或巢框用36毫克/升二溴乙烯熏蒸1.5小时或用0.02毫克/升氧化乙烯熏蒸24小时。此外，二硫化碳、冰醋酸、硫黄（二氧化硫）和溴甲烷均可用于熏蒸巢脾以杀死蜡螟。

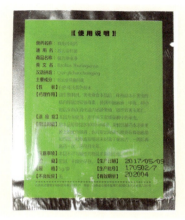

使用苏云金芽孢杆菌喷洒蜂群或浸渍巢础可以有效防治蜡螟。

第四节　胡　蜂

一、危　害

胡蜂可在野外或蜂巢前袭击和捕食蜜蜂，甚至还可进入蜂箱，为害蜜蜂的幼虫和蛹。蜂群不仅损失采集蜂，还可能举群逃亡。

二、防除方法

1. 防范

春季至夏秋两季，蜂箱不要有敞开部分，巢门开口尽量小（以圆洞为好），或者在蜂巢门上安金属隔王板或金属片，不让胡蜂攻入蜂箱内。

2. 人工拍打

通过人工用木片或竹片，在蜂群巢门口扑打在蜂箱前捕食蜜蜂的胡蜂。

3. 巢穴毒杀

对于树上的胡蜂巢穴，可在自制的小型铁箭上绑上棉花，再蘸上"敌敌畏"等剧毒农药后，用长杆将"毒箭"轻轻插入蜂巢内，毒药在蜂窝内快速扩散，整笼胡蜂就会全部毒死；对地下筑巢的胡蜂巢穴，在夜间可用棉花蘸敌敌畏塞入巢穴，可以毁掉整群胡蜂。

4. 诱杀法

在瓶内装入1/4蜜醋（稀食醋调入蜂蜜）放在蜂箱上面；或者用1%硫酸亚铊、砷化铅或有机磷农药拌入水、滑石粉和剁碎的肉团（1∶1∶2），挂在蜂场附近诱杀前来取食的胡蜂。

5. 人工敷药法

在蜂场用网捕捉胡蜂，然后把"毁巢灵"涂在胡蜂背部，放胡蜂归巢，利用胡蜂驱逐异类的生物学特性达到毁灭全巢的目的。该方法可达到半个月左右无胡蜂为害的效果。

第五节 农药中毒

　　蜜蜂农药中毒主要是在采集果树和蔬菜等人工种植植物的花蜜、花粉时发生的，如我国南方的柑橘、荔枝、龙眼，北方的枣树、油菜等。由于除草剂和杀虫剂的施用，每年都造成大量蜜蜂死亡的严重后果。蜜蜂农药中毒是当前养蜂生产上存在的一个严重问题，越是农业发达的地方，蜜蜂农药中毒的问题越加突出。

一、症　状

　　蜜蜂中毒后，常常表现为全场蜂群突然出现大量死蜂，蜂群越强，死蜂越多。死蜂多为采集蜂，不少采集蜂死于蜂场附近和蜂箱周围，有的死蜂后足还带有花粉团。中毒蜂在地上翻滚、打转、痉挛、爬行，身子不停颤抖，最后麻痹死亡。死蜂腹部内弯，翅膀张开呈"K"字形，吻伸出。蜜蜂采集秩序混乱、漫天飞舞、追蜇人畜。

　　开箱检查，箱底有大量死蜂，箱内蜜蜂性情暴躁，爱蜇人，提脾检查，见大量蜜蜂无力附脾而掉落箱底，巢房内的大幼虫从巢房"跳子"脱出而挂于巢房口，有的幼虫落在箱底。严重时，蜂场在1~2天内全场覆灭。

中毒严重的蜂群，有的全群离开巢脾，爬出巢外在巢门口附近或箱底聚集成团。农药分有机磷农药和有机氯农药。有机磷农药中毒的症状是：蜜蜂身体湿润，精神萎靡不振，腹部膨大，呕吐，不能定向行动，围绕打转，双翅相连张开竖起，烦躁不安，大部分中毒蜂死于箱内。有机氯农药中毒的症状是：行动反常，震颤，蜜蜂尾部拖地，好像麻痹一样拖着后腿，双翅相连张开竖起，中毒蜜蜂异常激怒，爱蜇人，部分蜜蜂死于箱外或回归途中。

二、预防措施

1）了解施药的时期，避免在农作物、果树等施用农药时去放蜂。

2）使用低毒农药，并在药液中加入适量的石炭酸、硫酸烟碱、煤焦油等驱避剂，避免蜜蜂采集。

3）若施用农药的毒性强且长效期超过 48 小时，应在施药的前一天将蜂群搬离施药地点 3 公里外的地方，待药液毒性残留期过后再搬回。若农药的药效期短或一时无法搬离，可采取蜂群幽闭的方法。幽闭期做好蜂群的喂水、通风降温工作，保持蜂群处于黑暗、安静的环境中。

三、中毒解救措施

蜜蜂农药中毒尚无有效的治疗方法，可于发生时尽快撤离施药区，同时清除巢脾里的有毒饲料，将被农药污染的巢脾放入 2% 苏打水中浸泡 12 小时，脾上的饲料即可软化流出，用清水冲洗干净，晾干后再用，同时饲喂 1:1.5 的稀薄糖浆并加药物解毒。

有机磷农药中毒：按每群蜂用阿托品2～3片或针剂1支，温开水溶解，拌入0.2千克糖浆中，混匀后淋洒在巢脾上或蜂路间，让蜜蜂采食。

有机氯农药中毒：按每群蜂用20%磺胺噻唑钠注射液3～4毫升或片剂1.0～1.5片，融化后拌入0.25千克糖浆中饲喂蜂群。

第六节　植物中毒

植物中毒主要是蜜蜂采集了有毒的蜜粉源植物所产生的生物碱、糖苷、毒蛋白、多肽、胺类、草酸盐和多糖等有毒有害的物质引起的中毒症状。

一、症　状

花蜜中毒的多为采集蜂。中毒初期，蜜蜂兴奋，过后身体失去平衡变得抑制，身体麻痹，行动迟缓，吻吐出，腹部和中肠变化不明显，后期滚爬十分痛苦，最后死亡。

花粉中毒的蜜蜂多为幼蜂，腹部膨大，中后肠内充满黄色花粉糊团，失去飞翔能力，在箱底或爬出巢门外死亡，严重者还会引起蜜蜂幼虫中毒死亡，虫体在巢房内呈灰白色腐烂。

二、防止有毒蜜粉源对人和蜂的危害

有毒蜜源虽会给蜂群及人类带来严重的危害，但通过合理的预

防措施完全可以避免中毒事件的发生。养蜂人员应高度重视、强加防范，不能存在侥幸心理。

（1）掌握有毒蜜粉源植物，正确选择场地 熟习掌握蜜粉源植物及有毒蜜源植物开花泌蜜的规律。通过调查，定地蜂场要选择远离藜芦、雷公藤、羊踯躅、乌头、薄落回等有毒蜜源植物 3 公里以上或有毒蜜源少、蜜粉源植物多的场地。

雷公藤

喜树

薄落回

（2）掌握有毒蜜源泌蜜规律 在天气干旱、气温较高时，其他蜜源植物泌蜜会减少，而有毒蜜粉源植物会大量泌蜜，吸引蜜蜂采集造成蜂或人中毒；如果降雨量正常，与有毒蜜源同花期的乌头等蜜源植物会正常泌蜜，蜜蜂就不会去采集有毒蜜源。

（3）避开花期 根据蜜源植物和有毒植物花期及特点，采取早退场、晚进场、全场转地、临时迁走等办法，能有效防止有毒蜜源的危害。

（4）人工多种有毒植物花期泌蜜的无毒蜜粉源植物 人工适时种植与有毒植物花期（7～9月）相同且泌蜜稳定的农作物蜜源（如芝麻、党参等），不但能减轻有毒蜜源的危害，还能促进蜂群的繁殖。

（5）清除蜂场周围的有毒植物 对于定地蜂场，要对有毒蜜粉源植物采取挖除老根、药杀植株、去除花朵等措施，长期下去就能减少有毒蜜粉源。

（6）饲喂解毒药 在仅对蜜蜂有毒的蜜粉源花期，要及时清脾，并大量饲喂糖水或相应解毒药剂等，以减轻毒害。

（7）有毒蜜粉源花期过后彻底清脾 有毒蜜粉源花期过后，养蜂人员采用舌尖尝巢脾上的蜜，有苦、麻、涩的情况一定要彻底清脾，去除余蜜。清下来的蜂蜜可以存放用于诱野生蜂群、洗面等，不能内服，更不能作为商品出售。

附录　常见计量单位名称与符号对照表

量 的 名 称	单 位 名 称	单 位 符 号
长度	千米	km
	米	m
	厘米	cm
	毫米	mm
面积	平方千米（平方公里）	km^2
	平方米	m^2
体积	立方米	m^3
	升	L
	毫升	mL
质量	吨	t
	千克（公斤）	kg
	克	g
	毫克	mg
物质的量	摩尔	mol
时间	小时	h
	分	min
	秒	s
温度	摄氏度	℃
平面角	度	(°)
能量，热量	兆焦	MJ
	千焦	kJ
	焦［耳］	J
功率	瓦［特］	W
	千瓦［特］	kW
电压	伏［特］	V
压力，压强	帕［斯卡］	Pa
电流	安［培］	A

147

参 考 文 献

［1］国家畜禽遗传资源委员会. 中国畜禽遗传资源志　蜜蜂志［M］. 北京：中国农业出版社，2011.

［2］中国农业百科全书编辑部. 中国农业百科全书　养蜂卷［M］. 北京：中国农业出版社，1993.

［3］周冰峰. 蜜蜂饲养管理学［M］. 厦门：厦门大学出版社，2002.

［4］匡邦郁，匡海鸥. 实用高产养蜂新技术［M］. 昆明：云南科技出版社，1999.

［5］黄林才. 中蜂活框饲养技术（一）［J］. 蜜蜂杂志，2002（1）：15-16.

［6］张大利，高东梅. 谈中蜂活框饲养与土法饲养之比较［J］. 蜜蜂杂志，2015（11）：23-24.

［7］李飞雄. 中蜂活框饲养的过箱技术［J］. 乡村科技，2016（9）：12.

［8］黄林才. 中蜂活框饲养技术（二）［J］. 蜜蜂杂志，2002（2）：11.

［9］匡邦郁. 科学养蜂问答（五）　怎样饲喂蜂群［J］. 云南农业，2001（5）：19.

［10］夏启昌. 中蜂新法饲养经验［J］. 中国蜂业，2012（9）：41.

［11］匡邦郁. 科学养蜂问答（十九）　怎样管理越冬蜂群［J］. 云南农业，2002（7）：18.

［12］匡邦郁. 科学养蜂问答（四）　怎样移动蜂群［J］. 云南农业，2001（4）：19.

［13］战书明，李树珩. 怎样检查蜂群［J］. 养蜂科技，2003（6）：12-13.

［14］黎明林. 怎样检查蜂群［J］. 蜜蜂杂志，2001（4）：10.

［15］高寿增. 合并蜂群的措施［J］. 蜜蜂杂志，2004（8）：38.

［16］徐士磊，石丽萍，汲全柱. 盗蜂的防止［J］. 中国蜂业，2008（5）：20.

［17］江名甫. 盗蜂的观察分析及防盗止盗措施［J］. 中国蜂业，2008（9）：20.

［18］关振英. 盗蜂综合防止法［J］. 中国蜂业，2006（8）：19.

［19］杨立涛，李金彦. 浅谈蜂群逃亡及防止［J］. 养蜂科技，2006（3）：26.

［20］刘先蜀，石巍. 人工育王［J］. 蜜蜂杂志，1989，5：42-43.

［21］邵瑞宜. 蜜蜂育种学［M］. 北京：中国农业出版社，1995.

［22］黄庆. 可引起蜜蜂中毒的植物［J］. 四川畜牧兽医，2002，29（10）：48.

［23］高寿增. 蜜蜂中毒的诊断及防治［J］. 特种经济动植物，2003（6）：46.

［24］王星. 蜜蜂农药中毒的诊断和防治［J］. 蜜蜂杂志，2007（8）：32-33.

书　目

ISBN：978-7-111-52936-1
定价：25.00 元

ISBN：978-7-111-44796-2
定价：25.00 元

ISBN：978-7-111-50034-6
定价：19.90 元

ISBN：978-7-111-52460-1
定价：29.80 元

ISBN：978-7-111-55397-7
定价：29.80 元

ISBN：978-7-111-46958-2
定价：29.80 元

ISBN：978-7-111-56476-8
定价：39.80 元

ISBN：978-7-111-55670-1
定价：59.80 元

ISBN：978-7-111-52935-4
定价：29.80 元

ISBN：978-7-111-52107-5
定价：25.00 元